1日3分! 足首まわしで下半身がみるみるヤセる

转脚腕，变美腿

（日）久优子 著　罗佩 译

北京联合出版公司
Beijing United Publishing Co.,Ltd.

前言

“我想瘦下来！”“我希望身材变得更好！”“我想变漂亮！”……我曾经也有过这样的愿望。为什么呢？直截了当地说，因为我曾经是个胖子。但是，我用某种方法摆脱了肥胖，自那之后一直保持着匀称的身材。难道你们不想知道我为什么能够减肥成功并一直保持着现在的身材吗？

我今年四十岁，是两个孩子的母亲，在东京经营一家以“淋巴引流”为主的身体护理沙龙。淋巴引流、淋巴按摩等技术从6～7年前便在美容行业以及按摩行业受到广泛关注，如今“淋巴”一词已变得不那么新奇了。

我也是从那个时候开始学习淋巴引流技术的。在学习淋巴引流技术期间，我终于明白了自己减肥成功的原因。那就是“如果不活动关节、打通淋巴结的话，全身的循环就不会变好”。所有的关节中，尤其需要活动离心脏比较远的脚腕，并且我还明白了，活动并放松脚腕不仅能够消除双腿的浮肿，还能够矫正身形。

我每天的工作就是帮助客人缓解其身体的不适，并帮助他们克服因自身身体而产生的自卑感。我能够对大家说的就是，出乎意料地，大家都没有坦诚地面对自己的身体。了解自己的身体、熟悉自己的身体构造是非常重要的。虽然你已经习惯了自己现在的身体状况，但你的身体可以更轻盈、更灵活的。所以，让我们将身体恢复到最佳的状态吧，大家来一起变漂亮吧！

这样一来，我们的每一天都能够变得充实而快乐。因为只需要每天转动脚腕三分钟，所以即便是嫌麻烦的人也能够轻松地坚持下来。

同时也为了能够遇见比以往更光彩照人、充满自信的自己。

久优子

目录

序言

从下半身肥胖到成为腿模

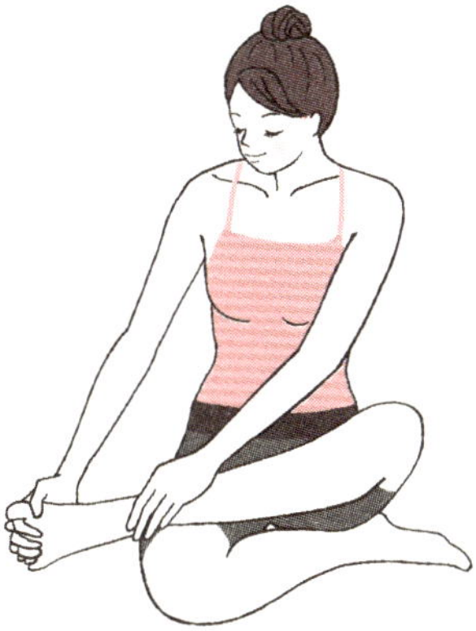

步骤1

『转动脚腕』，下半身转眼间就能瘦下来！

步骤2

『转动脚腕』，矫正整条腿！

步骤3

按摩脚腕，打造美腿双重效果！

步骤4

能够变成美腿的生活习惯

序言

从下半身肥胖到成为腿模

每天“转动脚腕”三分钟！瘦了十五公斤，拥有了美腿！

对不起！
没关系的。
那个时候，我走起路来大腿内侧就会因摩擦而出血。
牛仔裤得穿男款三十二寸的尺码，跟我父亲一样呢！
!!?
呼……
身高一百六十二厘米的我，体重曾经到过六十八公斤呢。
但是，我用六个月的时间减掉了十五公斤！现在的体重是四十八公斤！
“啦
啦”
为了拥有一双美腿，您都做了些什么呢？
我几乎尝试了所有的减肥方法……
代餐减肥法
发汗凝胶减肥法

即使一时瘦下来了，也会立即反弹。
“欸？”
身体状况也变差了，尝试的各种减肥方法接连失败！
皮肤变得粗糙，并且开始长粉刺、掉头发……
ガックリ
只是徒增自卑罢了！
已经尝试了各种各样的减肥方法，还是没有瘦下来呢。
呃—？
“唉！”
会不会是因为新陈代谢不好而导致浮肿了呀?!
这句话听起来简直就像神的启示。
“啊！”
我试着摸了下浮肿的双腿，发现自己的双腿僵硬！冰冷！根本捏不起来！
怪不得我在完全没有坡度的平地摔了一跤！
扑通!!
原来是因为脚腕太僵硬了才摔倒的！
脚尖的关节也很僵硬，踝关节周围咯吱咯吱地响，一碰还会疼！新陈代谢更差了！
原来如此！只要转动脚腕就行了！
这样

只要转动脚腕，全身就会变暖和，新陈代谢也会变好！
『转动脚腕+按摩』，坚持了六个月之后……
1个月
2个月
3个月
4个月
5个月
6个月
体重轻了十五公斤！
变成了纤细的美腿！
穿上期待已久的超短裙去原宿逛街！！
嗨，你好，有兴趣做腿模吗？
自己的美腿得到他人认可了！
"耶！"
我也能拥有一双美腿吗？
"扑通扑通"
转动脚腕是在任何时候、任何地点都可以做的简单动作哦！而且每天只需要做三分钟就行了呢！
我会加油的！
加油!!

一定要瘦！

身高162厘米、体重68公斤，曾经下半身肥胖的我

与以往截然不同的体形！追求简单美！

“想变瘦！”“想变美！”这可以说是女性的两大永恒主题。“我想变成身材姣好的性感女郎！”“我也想把牛仔裤穿得很好看！”“我想让身材变得更好！”“我想拥有一双美腿！”……肥胖时期的我经常这样想。

现在的我虽然拥有了身高162厘米、体重48公斤的苗条身材，但实际上我的体重曾到过68公斤，与现在相比足足重了20公斤。如此“巨大”的体形，与“性感”一词可谓相去甚远，想把牛仔裤穿得好看那更是痴人说梦。于是，我下定决心，一定要瘦下来！然而，要如何减肥才好呢？

变成胖子的诱因是在美国的寄宿生活?

减肥的第一步，我首先思考了自己肥胖的原因。仔细回想一下，我发现体重的激增始于高中时期到美国进行短期留学时寄宿美国家庭期间。大杯的饮料、大份的汉堡包、涂抹着香草冰激凌的苹果派、超级甜的点心等，所有的食物都是大份的。我貌似对美国的饮食文化适应得有点儿过头。由于我变得太胖，以至于回国时，到机场来接我的家人都没能认出来。

我变胖之后，之前的衣服都变紧了，一走起路来裤子就会磨腿，大腿内侧时常被磨得出血，那段日子相当难受。即便是想要打扮得时髦些，想穿的衣服也穿不了，只能穿一些可以尽量掩盖身形的衣服。牛仔裤得穿男款32寸的，跟我爸爸穿的是同一个尺码，这与我所向往的理想身材可谓相差甚远。

下定决心减肥！

只因“想瘦”而盲目减肥是没有效果的

即使一时瘦下去了，也会立即反弹，皮肤也会变得粗糙……

一定要瘦！那一瞬间，我下定决心开始减肥。刚开始的时候，我采用了用豆腐代替所有食物的减肥方法，还尝试了当时正流行的苹果减肥法和食用代餐蛋白粉的减肥方法，但都没有效果。

即使我一时稍微瘦下来，也会立即反弹！不仅如此，皮肤也变得粗糙，开始长痤疮、掉头发，身体状况也变差了……非但没能瘦下去，反倒徒增了自卑。

正好那个时候，我在一档电视节目上看到了一种减肥方法。说是在腿上涂抹发汗凝胶再裹上保鲜膜睡觉的话，就可以起到瘦腿的效果。当然，我立即尝试了这个方法。结果，因为凝胶具有发汗的效果，裹上保鲜膜之后皮肤无法呼吸，导致皮肤变得红肿并开始溃烂。我尝试的所有减肥方法都失败了。

违背自然法则必将受到影响

自那之后，我继续尝试着所谓“有效的”减肥方法。然而，当我不经意间看到镜子里的自己时，顿时愕然！因为我发现自己比回国的时候更胖了。我这才注意到因一心减肥再也没有主动照过镜子的自己。我的皮肤状态变差，小腹开始坠胀疼痛。

我减肥失败的原因在于，在美国留学期间的饮食生活使我的胃变大了（胃的机能达到了最大值），消化能力提高，而我却没有考虑到自己的饱腹中枢神经已经麻痹了的事实，而盲目地采用了代餐减肥法。

正是因为我没有迎合自己的身体，无知地采用了所谓的代餐减肥法，才导致减肥失败的。我们的身体是非常智能的。当我意识到这样的减肥方法是无法让自己变瘦的时候曾感到非常失落。

开始按摩腿

如果腿一直又硬又凉，是绝对瘦不下来的！

总之，就是想要瘦腿！每天专心按摩腿

那么，我该如何做呢？当我重新下定决心，“要振作起来，不能再这样屡屡失败下去”的时候，友人给了我这样的建议：“如果不改善新陈代谢的话，是瘦不下来的哦！”因此，我决定每天按摩腿。

当我顺着脚尖的方向捏小腿肚时，发现自己的小腿肚僵硬！冰冷！根本捏不起来！我深刻地体会到，“在这种状态下，是无法让脂肪变‘松软’的”。脚尖的关节也很僵硬，踝关节周围咯吱咯吱地响，一碰还会疼！如果感到疼痛的话，那说明情况已经比较糟糕了，因此，我开始每天老老实实地按摩腿。

坚持按摩一周后双腿开始变细

同时，我每天除了淋浴洗澡，还会舒舒服服地泡个澡。泡完澡后，直接光着身子照镜子，以此来检查自己的身体。

不仅如此，在按摩双腿的同时我还会进行“想象训练”。一边在脑海里想象着自己的理想身材，一边专心地按摩自己粗壮的双腿。疼！但是坚持下来的话，就能够改善踝关节咯吱咯吱响的状况。如此反复按摩的过程中，脂肪开始变松软，脚尖也变得暖和起来了。坚持按摩一周之后，我感觉到自己的双腿轻盈了许多，也许是心理作用吧，双腿看起来似乎瘦了一些呢。

人是在看到变化后才会感到高兴，从而更加努力的。我之前一直没有认真地对待自己的身体，所以带着一丝歉意，我更加“饱含深情”地继续按摩双腿。虽然疼，但我相信一定会看到效果的。

意识到脚腕的重要性

通过"转动脚腕"，竟然瘦了15公斤！

在没有坡度的平地上摔跤的经历让我意识到应该"转动脚腕"

当我每天坚持按摩腿，并且确实感觉到腿变纤细了的时候，我在一个完全没有坡度的平地上摔了一跤，这时我才意识到自己的脚腕也很僵硬。由于脚腕能够活动的范围太小，即便转动了脚腕，也会感觉像是被什么绊住了一样，所以才不能顺畅地行走。因此，我想"如果把这一处的关节也揉得柔软些，是不是脚腕周围的情况就会变好些呢？"因此，在那之后，我在按摩腿的基础上开始转动脚腕。

我坚持了数日之后，转动脚腕时就不会再有像被什么绊住的感觉了，脚腕的活动范围变大了，还可以用脚的拇指画出一个漂亮的圆圈。这样一来，脚尖也变得比之前更暖和了。并且，刚按摩完后，脚背的骨骼和较粗的血管也能够凸显出来了。

6个月减掉了15公斤，腿和腰都变细了

我坚持了一个月之后，脚腕变细，脚腕处的关节开始凸显出来。去厕所的次数增多，双腿的浮肿状况改善，整个人感觉更轻松了。第二个月，小腿肚开始变细，脂肪也变得柔软了。脚尖变得暖和之后，我走起路来也轻盈了许多，能感觉到自己"精神满满"，心情也变得明朗起来。

第三个月，我开始了对膝盖周围的按摩。慢慢地，我能清楚地看到自己的膝盖骨了，连大腿也变得柔软，摸起来非常舒服。第四个月，周围的人开始问我"是不是瘦了"，这让我感受到了按摩的显著效果。第五个月，双腿变得更细，连腰也开始变细了。第六个月，小腿变细之后，连大腿也瘦下来了。身体状况和气色都变好了，并且一称体重，发现自己只有53公斤！我成功减掉了15公斤。

在街头

拥有一双美腿，被星探发掘，成为“腿模”

双腿变轻、变细了！

每天坚持“转动脚腕”三分钟，双腿的浮肿状况得到了改善，腿也变细了，这令我非常高兴，每一天的心情都无比喜悦。

我尝试过各种各样的减肥方法，并且把有效果的减肥方法融入每天的日常习惯中，那段时间感觉自己就像个“美腿研究家”。每天坚持习以为常的事情并看到效果，这是最令人开心的事情了。

双腿变轻、变细，并且成功减掉15公斤之后，我变得十分积极向上，也开始变得自信了。哪怕是一点儿小的成就，也会让人的心情和心境发生变化呢。

成为腿模，进一步朝着美腿的目标出发

我瘦下来之后买的第一件衣服就是超短裙。这是我的心头好，去哪儿都穿着它。穿上它让我有一种重获新生的感觉！我的人生改变了！

当我穿着那条超短裙在原宿逛街买东西时，居然被星探发掘成了一名“腿模”。“无论如何我都想拥有一双美腿！”因为我曾经有过这样的愿望，所以我至今仍记得当时的激动心情。

在那之后，我加入了事务所，接受过试片，拍摄过长筒袜的广告，还做过活动的礼仪小姐等。我还参加了形体培训班，学习如何优雅地行走。也就是在那个时候，我开始关注腿部的护理和保养，并且懂得了如何选择鞋子以及鞋子保养的重要性。

世界标准的美是什么？

把握“美腿的4个点”，任何人都能拥有一双纤细美腿！

世界舞台上通用的“美腿的4个点”是什么？

说一句题外话，我在从事身体保养工作的同时，心里一直对身材有着一个重要的认识。那就是，在日本被人们推崇的所谓“纤瘦身材”，并非是世界上公认的“美体”。

我的父亲就职于一家名为“社团法人国际文化协会”的公司，长期从事活动策划和举办等工作。例如，他们公司策划并举办了世界性的选美大赛“国际小姐世界大会”等。在1985年的筑波世博会期间，我的父亲担任了南太平洋馆馆长一职，以促进国际交流为目的，在众多领域举办了多次活动。

正是从事着这样工作的父亲告诉我“美腿”的定义，即“美腿的4个点”（具体请参照插图）。这确实是领略过世界标准美女风采的父亲能够说出的话。我疑惑于自己的腿在变细了之后是否能算得上世界标准的美腿，试着在镜子前检查了一

美腿的4个点

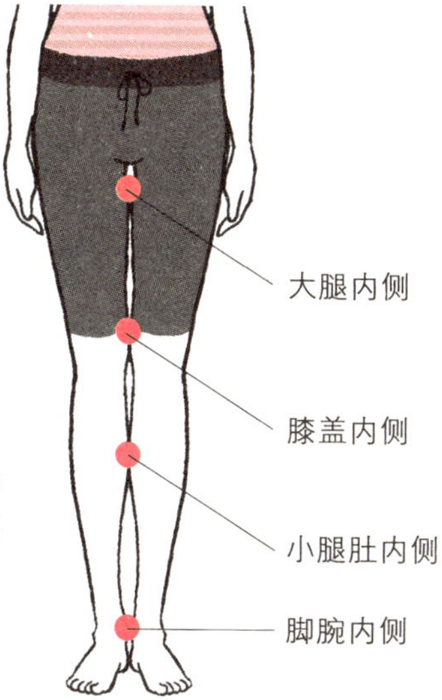

光脚自然站立，并拢脚后跟，脚尖微张。如果插图中所示的4个点都能够触碰到一起的话，就可以称为“美腿”。

下，发现自己只能并拢父亲所说的“美腿的4个点”中的两个点。但是，当我继续坚持“转动脚腕”之后，骨盆的变形问题慢慢得到了改善，“美腿的4个点”都能够并拢了。

一直以来从事选美事业的父亲，他的主要工作就是从所有的国家中，综合人种、肤色、发色、智商和情商等因素来选拔出“最佳美女”。他所教给我的“美的标准”，不是浮于表面的，而是一种已经渗透到内在的“美”。需要拥有一双美腿是毋庸置疑的，但我认为在拥有美好外表的同时，也应该提升自己的内在美。正如某句话所说的那样：“无论到了什么年龄，都要做一位美好的女性。”

与淋巴引流的邂逅

减肥成功的关键在于“淋巴”和“脚腕”

遇到淋巴引流的专家，人生迎来巨大转机

我能够减肥成功的关键在于“淋巴”和“脚腕”。那么，我们经常听到的“淋巴”究竟所为何物呢？想必有很多人还不太清楚它的真正含义和价值吧。接触的客人中，也有很多人不太了解淋巴引流到底是一门怎样的技术。提到“淋巴”一词，大家所联想到的往往是“变瘦”“变成小脸”“淋巴堆积”“排毒”等。那么，“淋巴引流”到底是一门怎样的技术呢？

淋巴引流技术，最初是一项根据医学和生理解剖学知识而被开发出来的医疗技术。操作人员需要具备专业的知识，才能确保其安全性并取得成效。实际上，当时我因为身体健康状况急剧恶化，减肥之路已经到了穷途末路的境地。就在那个时候，通过友人介绍，我认识了一位淋巴引流方面的专家医生。专家一边与我谈论着各种话题，一边帮我按摩左手。没一会

儿，左手变得暖烘烘的，我感觉很舒服。不知为何，我有一种“如释重负”的感觉。按摩结束后，我感觉到手指变得纤细，手背的骨骼和脉络也清楚地显现出来了，左手变得更轻松、更灵活，有一种从未有过的满满的“治愈感”。对于已经穷途末路的我来说，这种技术简直就像一件从天而降的宝物。于是，我决定开始专心学习淋巴引流术。

刚开始，课堂上都是些我听不懂的内容，每次上课脑袋都处于一种即将炸裂的状态。每天我都会总结并反复温习课堂笔记，在这样的过程中往往会有茅塞顿开的感觉，那段时间我每天都有新的发现。

那个时候，正是“淋巴引流”术治愈了肉体和精神两方面都饱受摧残的我。为了将这样一项绝佳的技术介绍给更多的人，哪怕一个也好，我开设了以“淋巴引流”为主的身体护理沙龙。沙龙如今已取得了不错的口碑，也得到了许多顾客的支持。

美腿专栏

如何选择一双舒适的鞋子?

当腿模期间，有人教导过我要“选择质量好的鞋子”。我自己也有一双已经穿了20年的轻便敞口鞋。

如果被鞋子的外表所迷惑，选择了不好的鞋子就会变成“粗腿”，所以一定要注意!

①不合脚的鞋子会让你不得不去尽量保持身体的平衡，这样就会导致多余的脂肪和肌肉逐渐堆积在双腿的外侧，从而使双腿变粗，腿也会变形，成为O型腿或X型腿。

②太紧的鞋子则会使腿部肌肉衰弱、血液流通变缓、新陈代谢变差，这就是双腿浮肿和脚气产生的原因。

③太松的鞋子不仅会造成脚趾外翻，还会影响到膝关节和髋关节，从而导致腿变粗。

所以，想要变成美腿，就需要选择一双能够让脚平稳站立的鞋子。

除此之外，选择高跟鞋的时候，还要尽量挑选鞋跟的位置正好在脚腕下方的鞋子。脚掌向前滑的话，脚趾的压力会增大，从而导致鸡眼和脚趾外翻。所以，一定要注意鞋子的选择!

步骤1

『转动脚腕』，下半身转眼间就能瘦下来！

脚腕的自检！

脚腕僵硬的人和
脚腕柔软的人的辨别方法

检查脚腕的可活动范围

通过检查跟腱和脚背是否呈弓形，就能知道自己的脚腕是僵硬还是柔软。让我们仰面躺下来检查自己的脚腕吧。

检查方法①

双腿伸直，脚尖朝着床的方向尽量往下压。以此来检查双腿能否呈一条直线，并在压完脚尖之后，检查能否用脚的拇指画出一个漂亮的圆圈。

检查方法②

双腿伸直，脚尖朝自己的方向尽量弯曲。之后检查脚腕能否前后左右地自由转动。

检查方法③

将手掌和膝盖置于床上，脚尖弯曲，并将身体的重量放于脚趾处。检查脚趾弯曲时脚底板是否能够完全伸展开。

其他的检查方法

检查能否用脚的拇指画圆圈！

仰面躺下，让双脚的脚腕尽量向上弯曲。转动脚腕，脚的拇指能画出圆圈的话就OK！

通过玩石头、剪刀、布来检查！

如果能够用脚趾做出石头、剪刀、布的动作，就说明脚腕是柔软的。

通过跪坐来检查！

长时间跪坐之后，如果感到脚腕疼痛，则说明脚腕比较僵硬。

脚腕是最容易变形、最容易变僵硬的“腕”！

减肥成功的关键在于“脚腕”

人体中除了脚腕之外，还有其他两个可称为“腕”（关节）的部位，那就是“脖子”和“手腕”。这三个“腕”如果变形或是变得僵硬的话，整个身体的平衡状态就会被打破，还会影响到各个内脏器官的功能。因此，这三个“腕”是人体中非常重要的部位。

因为这三个“腕”是人体中血液和淋巴液流通的关键通道，所以关节变得僵硬的话，血液和淋巴液的流通就会变差。

“手腕”和“脚腕”处于人体的末端部位，血液容易流通不畅，从而导致手脚冰凉。这样就会陷入一种“手脚冰凉→关节僵硬→血液流通不畅→浮肿”的恶性循环。反之，如果将这个循环变成“手脚暖和→关节柔软→血液流通顺畅→双脚变暖和后身体循环变好”的话，就能够消除双腿的浮肿。

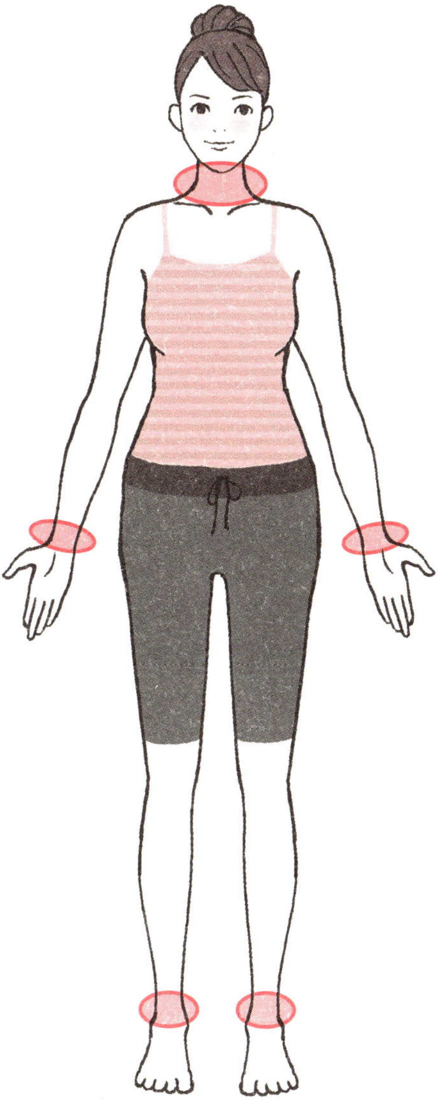

因为在这三个“腕”当中脚腕是离心脏最远的，所以血液更容易流通不畅。脚腕处的血液流通变差的话，脚腕可活动的范围就会变小，脚腕从而变得僵硬，双腿就会浮肿。我减肥成功的关键就在于脚腕。

脚腕放松的话，整个下半身的循环就会变好！

脚腕是全身毒素堆积的地方

我经常会被问到此类问题：“为什么转动脚腕就能变成美腿呢？”“是因为转动脚腕之后，脚腕变细从而变得更加灵活了吗？”

由于重力的影响，离心脏最远的脚腕成了全身最容易堆积毒素的地方，这在人体构造方面是一个无法解决的难题。但如果对这一部位进行护理的话，全身的血液流通就会变得通畅，骨骼的变形也能从整体上得到矫正。也就是说，脚腕变得柔软之后，膝关节就能得到放松，从而髋关节也能得到放松，最后连骨盆都能够得到放松。

绝大部分苦恼于自己腿太粗的人，并不是真正的肥胖，实际上只是因为毒素堆积而导致身体浮肿罢了。

“转动脚腕”能改善身体的变形情况

脚腕僵硬的话，不仅会导致膝关节、髋关节、骨盆、背骨等关节的变形，还会对腹腔和胸腔里的内脏、血管以及神经，甚至包括头盖骨和颞颌关节都会造成不利的影响。有时还会导致头疼、脸部变形、肩膀和脖子僵硬以及牙齿咬合不齐等问题。转动脚腕的话，脚腕、膝盖、骨盆、背骨、颈椎等关节都能得到放松，还能感觉到身体也变得轻松了许多。甚至，在血液和淋巴液的流通变顺畅了之后，各个内脏的机能也能够有所好转。

“转动脚腕”的效果有哪些？

1. 骨盆能恢复到正确的位置
2. 身体变得灵活
3. 血液流通变好，新陈代谢能力提高
4. 成为易瘦体质

体内代谢废物会堆积在脚腕！

促进“血液”和“淋巴液”这两种体液的流通和循环

“促进血液的流通”是怎么一回事？

人的身体内流动着两种“体液”，一种是血液，另一种则是淋巴液。想让自己的身体循环变好，成为易瘦体质，就需要促进这两种体液的流通和循环。

血液流通的管道称作血管，首先从血管开始说明吧。血液是通过血管流通到全身的，血液在人体内负责输送营养物质和氧气的同时，还负责搬运人体内不需要的代谢废物，起到抵抗细菌和病毒的作用。

据说，如果将我们体内的所有血管连接起来，其长度可达10万千米（可绕地球两圈半）。

血管大致可分为动脉和静脉两大类。“动脉为去，静脉为归”，详细说明的话，就是动脉负责将从心脏内流出的富含氧气和营养物质的血液输送到全身，而静脉则在对动脉所输送来

■ 血液的流通

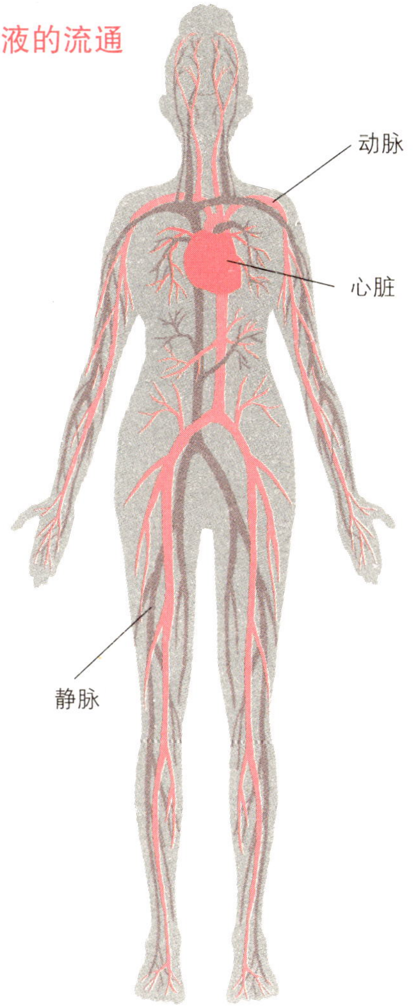

的血液中的氧气和营养物质进行交换之后，负责把二氧化碳和体内代谢废物运送回心脏。

血液主要是通过心脏的反复收缩和舒张来流通到全身的。也就是说，血液是以心脏为起点在身体里不断进行循环的。

促进淋巴液的流通

淋巴液通过淋巴管进行流通，与血管一样，淋巴管也遍布人体全身。它的主要功能是负责运送那些无法进入静脉内的体内代谢废物和毒素，并将其排出体外。淋巴液的流通非常缓慢，一分钟大约只能流动30厘米（据说血液一分钟就能够在体内循环一周）。

而且，由于淋巴管是一种跟毛细血管一样的极细管道，细到需要活动其周围的肌肉之后，管道内的淋巴液才能被推动着流动起来的程度。因为运动不足而造成的对肌肉的刺激不够、饮食生活的混乱以及压力等都会造成淋巴液流通不畅，从而导致体内代谢废物的堆积。

并且，淋巴系统中存在着一种被称为“淋巴结”的器官，其起到关卡一样的作用。淋巴结位于身体内淋巴管交汇的地方，其中具有代表性的是“耳后淋巴结”“锁骨上淋巴结”“腋窝淋巴结”“腹部淋巴结”“腹股沟淋巴结”和“腘窝淋巴结”。淋巴结是过滤体内代谢废物和毒素的重要器官，因此为了能够更好地进行过滤，其内部结构呈网状。如果将人体内表层和深层的淋巴结加在一起的话，其数量有600个之多呢！

让我们把淋巴结比作厨房的排水沟来考虑问题吧。排水沟内堆满垃圾的话水流就会变缓，流入排水沟内的“水”就会逐渐变得混浊，黏黏糊糊的，还会散发恶臭。想象下如果这样的情况发生在自己体内，确实是挺恐怖的呢。

那么，如何才能促进体内淋巴液的流通呢？由于淋巴管大多分布在人体的皮肤组织内，所以“转动脚腕”和进行按摩对促进体内淋巴液的流通是非常有效的。

■淋巴液的流通和淋巴结

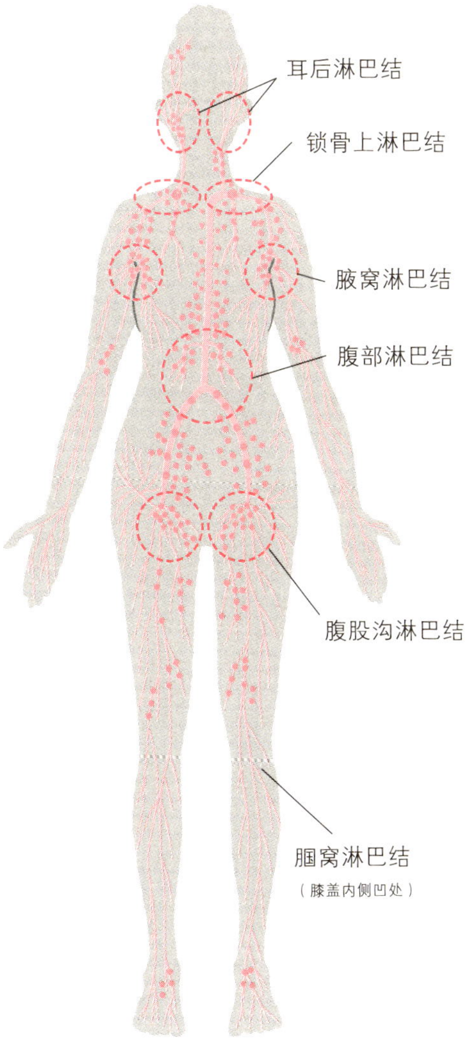

脚腕冰冷、僵硬的人 整条腿都会浮肿

浮肿和冷的相互关系

“浮肿和冷”的关系类似于“鸡与蛋”的关系，不清楚谁才是起因。

大多数情况下，“冷”是由于负责向全身输送血液的心脏舒张能力降低，血管变硬，血液无法流通到全身而造成的。因为脚腕是离心脏最远的一处关节，所以更容易受影响。

“浮肿”则是由于淋巴液的流通停滞，导致体内代谢废物堆积在细胞间形成的。通常情况下，利用小腿肚上的肌肉，就能够促进静脉和淋巴管的舒张运动，从而将体内的代谢废物运送至人体的上半身。

然而，由于长时间保持同一姿势，运动不足或是长时间穿高跟鞋，腿上的肌肉能力会减弱，舒张运动不能起到正常作用，这样一来，体内的水分和代谢废物就会堆积在下半身，从而导致下半身的浮肿。

推荐每天“转动脚腕”三分钟！

用自己的手摁一下脚腕，是不是会感到“疼”呢？再用手摸一下脚腕，会不会觉得很冰冷呢？这正是由于体内代谢废物堆积而导致双脚冰冷的证据。

并且，浮肿的状态使得肌肉变得僵硬，体内的血液和淋巴液的循环变差，进一步加剧了双脚冰冷的问题。更糟糕的是，肌肉变得僵硬之后，体内的脂肪燃烧速度也会变慢，皮下脂肪开始堆积，导致双腿变粗，从而进入了一个恶性循环。

想要改善双腿浮肿的话，我推荐大家来“转动脚腕”，这是一件在任何时候、任何地点都能够做到的轻松小事。只需要每天转动脚腕三分钟，体内血液和淋巴液的循环就能够得到有效改善，双腿也会变得纤细。从下一页开始，我将具体介绍“转动脚腕”的方法。

基础篇

“转动脚腕”的基础

要点

让我们全身放松，坐在床上，一起来“转动脚腕”吧！“转动脚腕”时，一定要注意把脚趾一根根地分开。

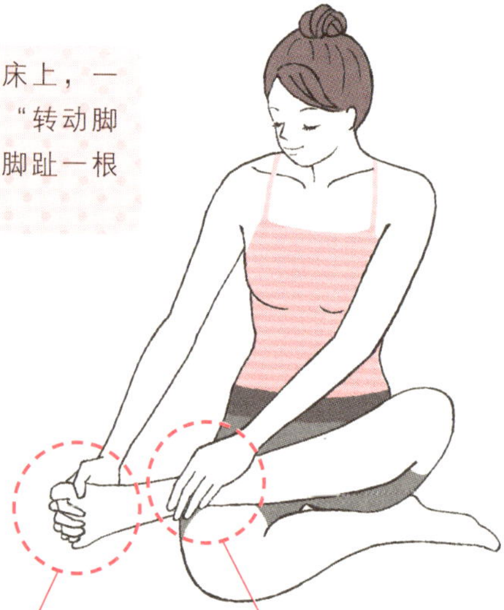

基本姿势

坐在床上，把左脚的脚后跟放在右腿膝盖稍微靠上的位置。左手抓住左脚的脚腕，右手的手指则交叉握住左脚的脚趾。

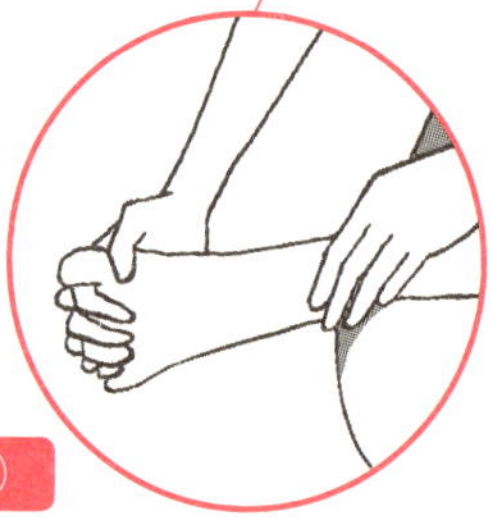

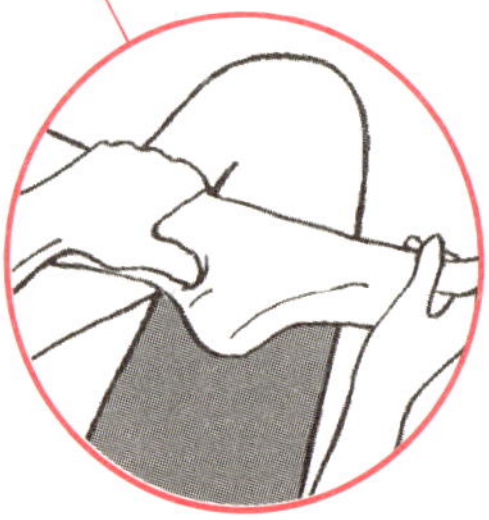

局部特写②

右手手指交叉握住左脚的脚趾时，要将手指尽可能地完全插入脚趾间的缝隙中。一定要插到手指的根部为止！

局部特写①

左手抓住左脚的脚腕时，拇指要顶住脚腕的侧面。脚腕周围是体内代谢废物堆积最多的地方！

NG

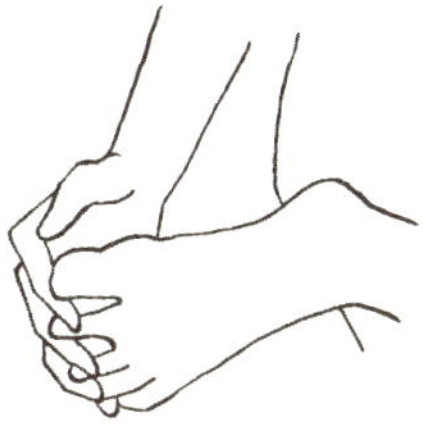

脚趾僵硬，手指插不进脚趾间的缝隙中。

※要耐心地把脚趾一根根地分开。

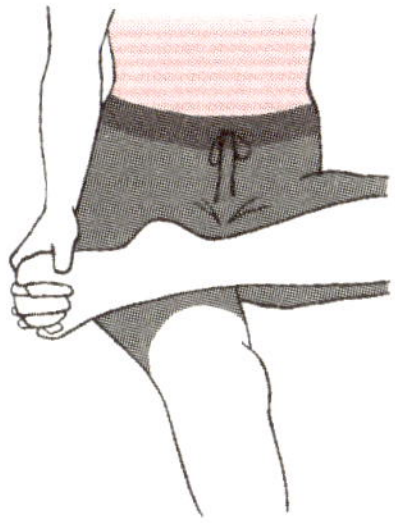

如果没有把膝盖上的那只脚的脚腕放在正确位置，脚腕就无法转动。

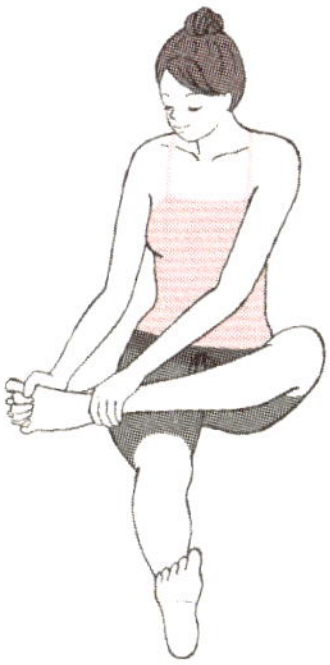

不正确的坐姿会导致腰部负担加重。

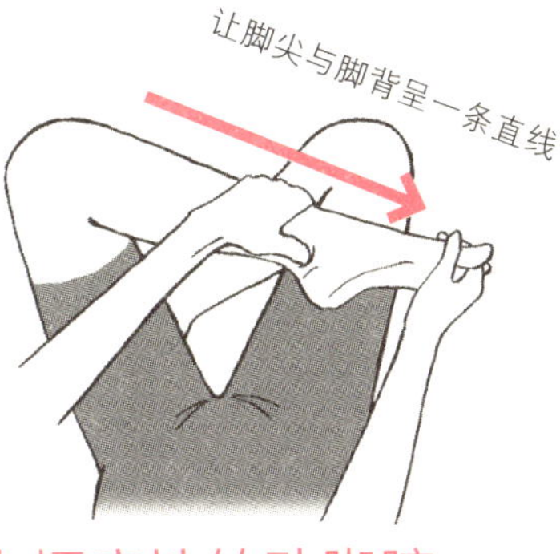

1. 向前拉伸脚尖

绷直脚背让脚尖与脚背呈一条直线之后，再把脚尖往自己的方向拉。

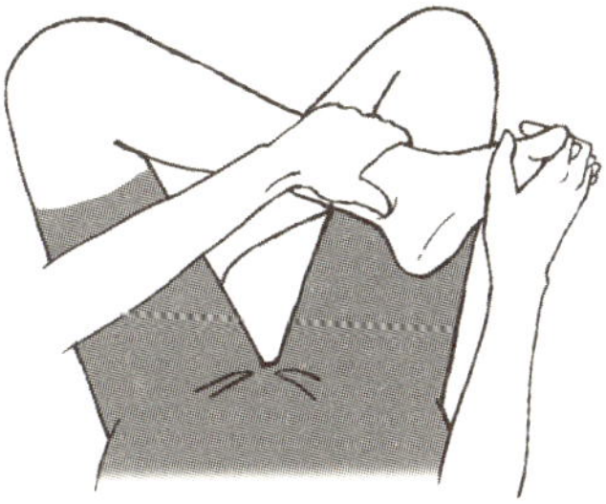

2. 大幅度地转动脚腕

要像画大圆圈一样地转动脚腕。先顺时针转动5圈，再逆时针转动5圈，转动的幅度要尽量大！

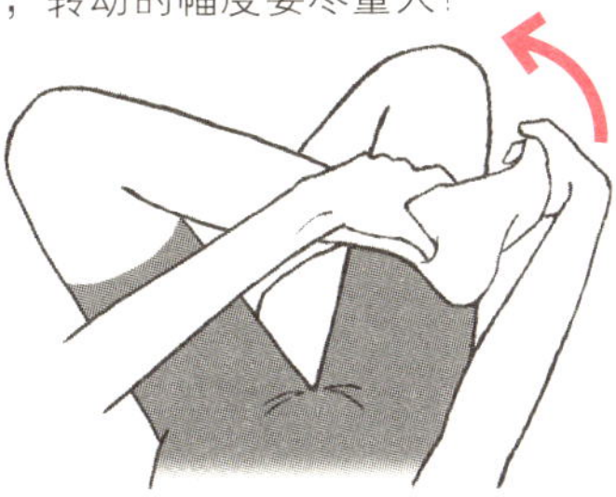

3. 掰脚尖

向后掰脚尖，一直掰到感觉到有点儿掰不下去为止（自己感觉比较舒服的程度）。

※上述动作，左右脚各做3组。

应用篇 站着"转动脚腕"

要点

站立姿势下"转动脚腕"，是在任何时候、任何地点都能够轻松做到的。让我们一边保持身体的平衡一边来"转动脚腕"吧。

1. 脚尖朝内

双手叉腰，右脚朝左前方伸出，脚尖朝内。绷直小腿，让脚尖处有拉伸感。

2. 脚尖朝上

脚尖朝上的同时要绷直脚底。一定要确认脚的跟腱是绷着的！

3. 拉伸脚的内侧

用脚的拇指沿着顺时针方向画圆，注意要拉伸脚的内侧。之后，拇指再沿着逆时针方向画圆。左右脚各做3次。

4. 脚尖朝下转动脚腕

脚尖朝下，缓慢地转动脚腕后，再回到原先的位置。

※另一条腿也重复同样的动作。

应用篇 躺着“转动脚腕”

1. 仰面卧躺

仰面卧躺在床上，双手手掌贴于床垫，放松全身。

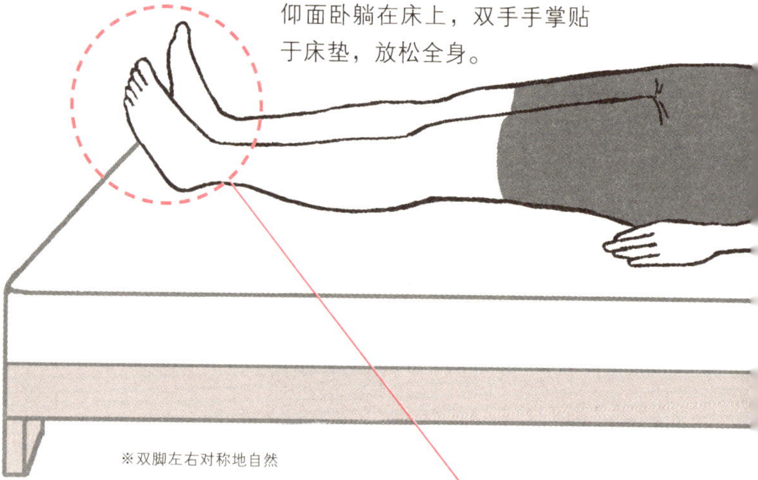

※双脚左右对称地自然张开则为最佳状态。

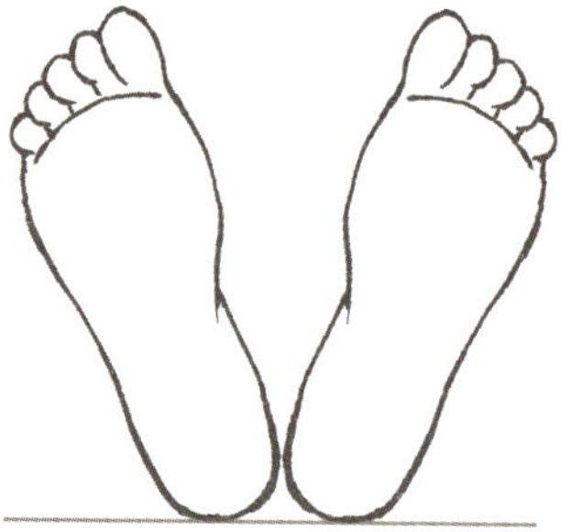

特写

在身体完全放松的状态下，检查脚尖的朝向。

要点

想用轻松的姿势来“转动脚腕”的话，我推荐这个方法。其要点就在于放松全身！让我们深呼吸一下，一起来“转动脚腕”吧。

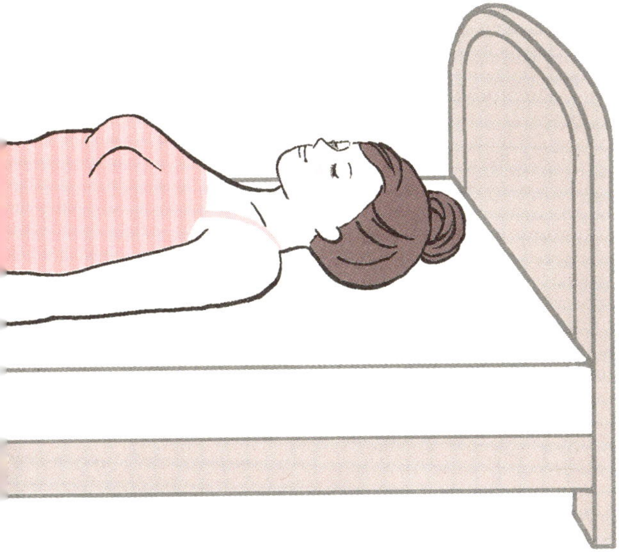

2. 绷直脚尖

绷直脚尖的同时，还要注意绷直膝盖。

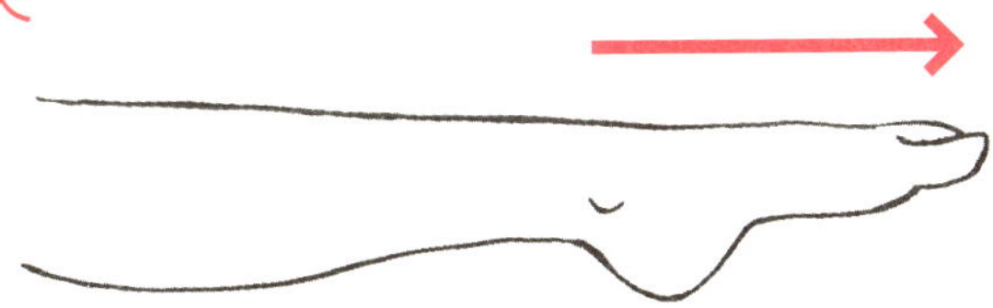

3. 勾脚尖

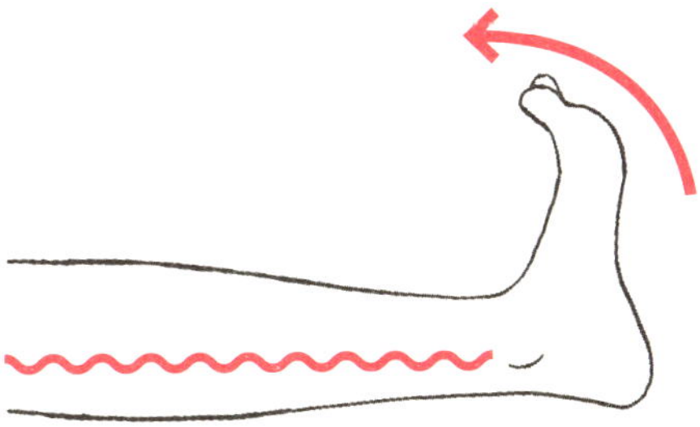

朝着脸的方向压脚的拇指。要能感觉到跟腱是拉伸着的。

※以上动作，2～3步骤，左右脚各做3组以上，每组5次。

应用篇 在各种各样的场合“转动脚腕”

要点

可以在各种各样的场合下“转动脚腕”。可以自己一个人做，也可以和同伴一起做，一起做能够有新的发现呢。

坐在椅子上“转动脚腕”

即使在工作中，也可以穿着鞋子“转动脚腕”。

泡着澡“转动脚腕”

因为水有浮力，所以身体很僵硬的人，在泡澡的时候也能够轻松地“转动脚腕”。

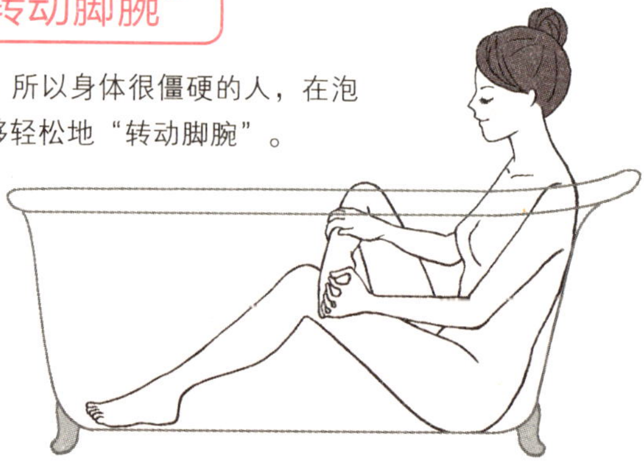

※泡澡可以让身体变暖和，血液流通变顺畅，因此很有效果。

和同伴一起“转动脚腕”

有时，也试着和同伴一起来“转动脚腕”吧。

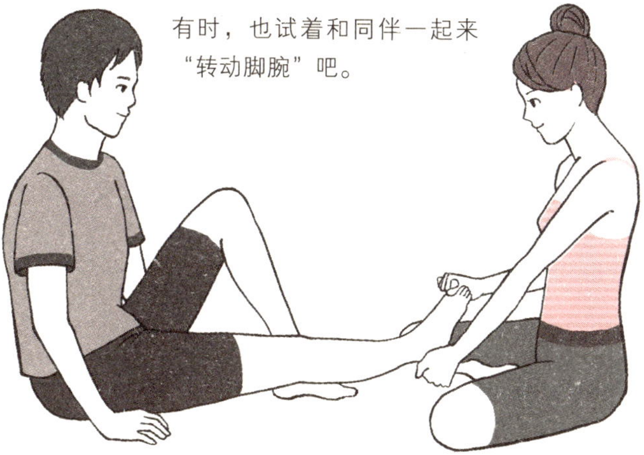

1.
把自己的手指插到对方脚的拇指和食指之间

握住对方的脚后跟。把自己的拇指插到对方脚的拇指和食指之间，并抓住对方脚的拇指。

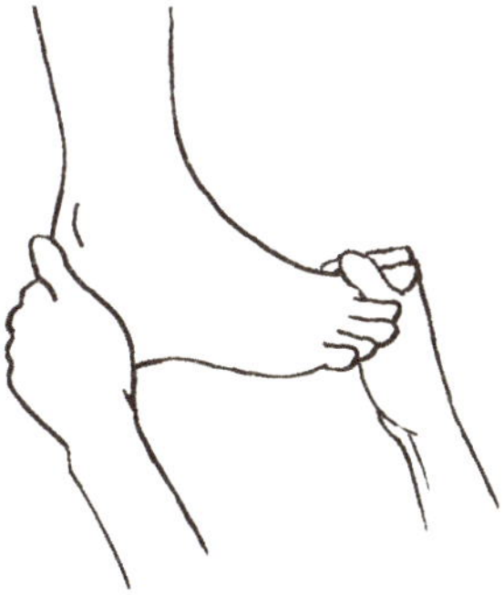

2.
向内掰对方脚的拇指

稍微拽住对方的脚后跟。握住对方脚的拇指并向内掰，这样一来，脚腕就会跟着一起转动。

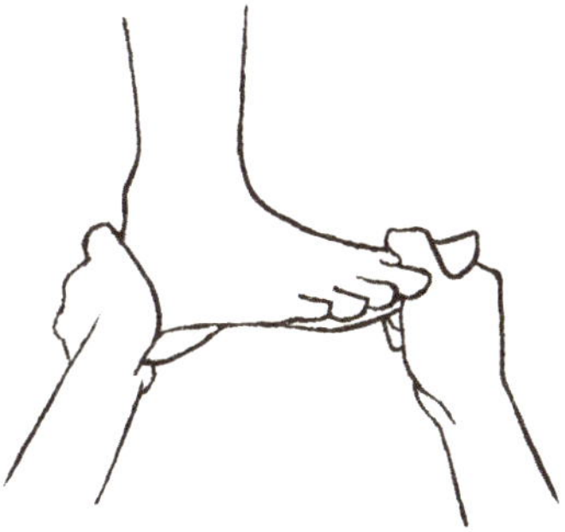

迈向美腿的又一步

放松全身的骨骼！

要点

靠墙站立，要感受到全身的骨骼是从脚后跟开始向上逐级堆积起来的。要尽量地提臀收腹，放松一直以来都很僵硬的肌肉，并要注意把全身的骨骼舒展开来。

1. 将身体的5个点贴在墙上

脚后跟、小腿肚、屁股、肩胛骨和头部要正好贴在墙壁上。

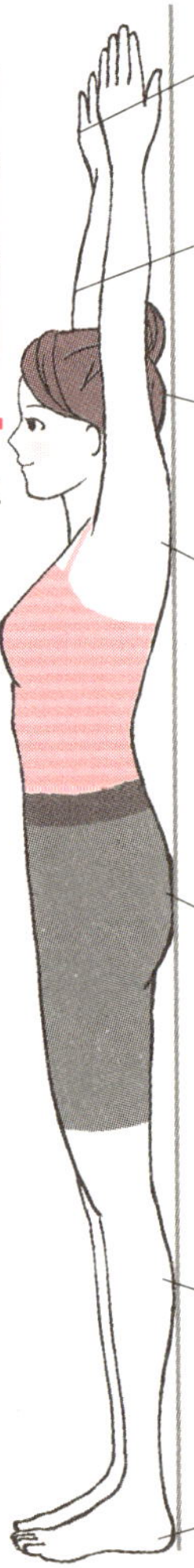

NG

此外，肩膀贴不到墙壁且身体前倾的人是“驼背”；屁股过于贴近墙壁的人则是“塌腰”。

2. 脖子向下弯曲

距离墙壁一步远，边呼气边放松全身，双手自然下垂，放松手腕和肩膀。感受到脖子上一块块骨头（颈椎上有7块骨头）的同时慢慢地向下弯曲脖子。

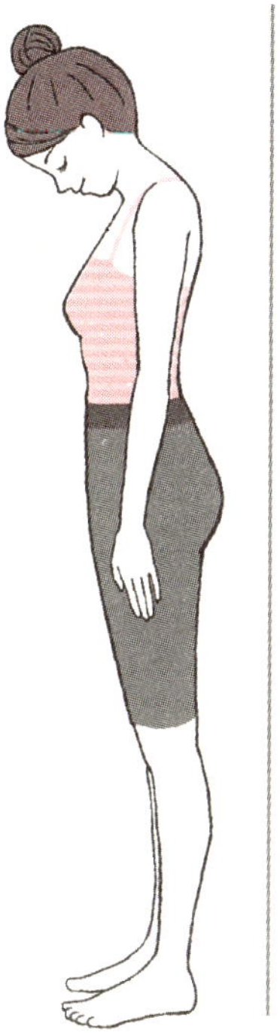

3. 慢慢地弯曲上半身，并放松全身

向下弯曲上半身一直到腰椎的部位，要感觉到腰椎上的每一块骨头都在缓慢地挪动。

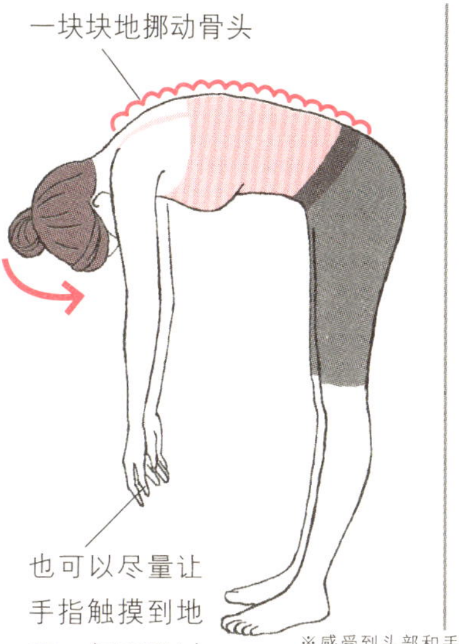

※感受到头部和手腕的重量的同时，向下弯曲肩膀和胸椎。

感受到骨头

感受每一块骨头的挪动！

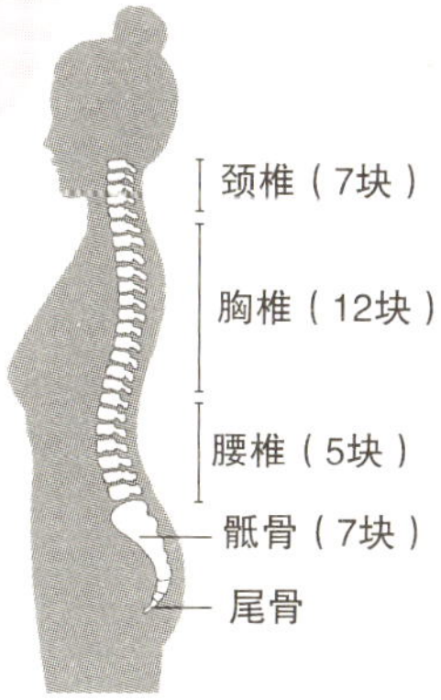

美腿专栏

转动脚腕，按摩头部，缓解眼睛疲劳

你是否被眼睛疲劳所造成的眼睛疼痛、头疼、后脑勺疼痛等问题困扰呢？眼睛疲劳多数是由血液流通不畅引起的。

能够立即见效的改善方法就是热敷眼睛，让脖子以上部位的血液流通变顺畅。按摩头部也是非常有效的！如果脖子以上的部位血液流通不畅，头皮就会僵硬继而变得粗糙。放松头皮的话，视野也能够变得明亮起来，让人感到神清气爽。除此之外，还能够起到拉伸脸部皮肤的作用呢。

补充α

刺激眼部周围也是很有效的！

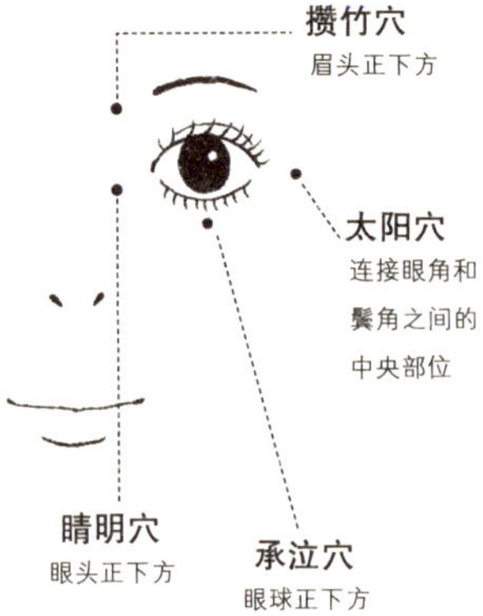

头部按摩

1 “转动脚腕”之后，从上到下按压脖子上的经脉。

2 用双手按摩整个头部。僵硬的部位会感到疼，所以要慢慢地放松头部。

3 用手指从头顶开始向下按压头部至后脑勺。之后，再回到头顶，并朝着耳朵的方向慢慢地按压头部。

4 按压头部至耳朵处后，轻揉鬓角部位。

步骤2

『转动脚腕』，矫正整条腿！

转动脚腕，就能够矫正体形！

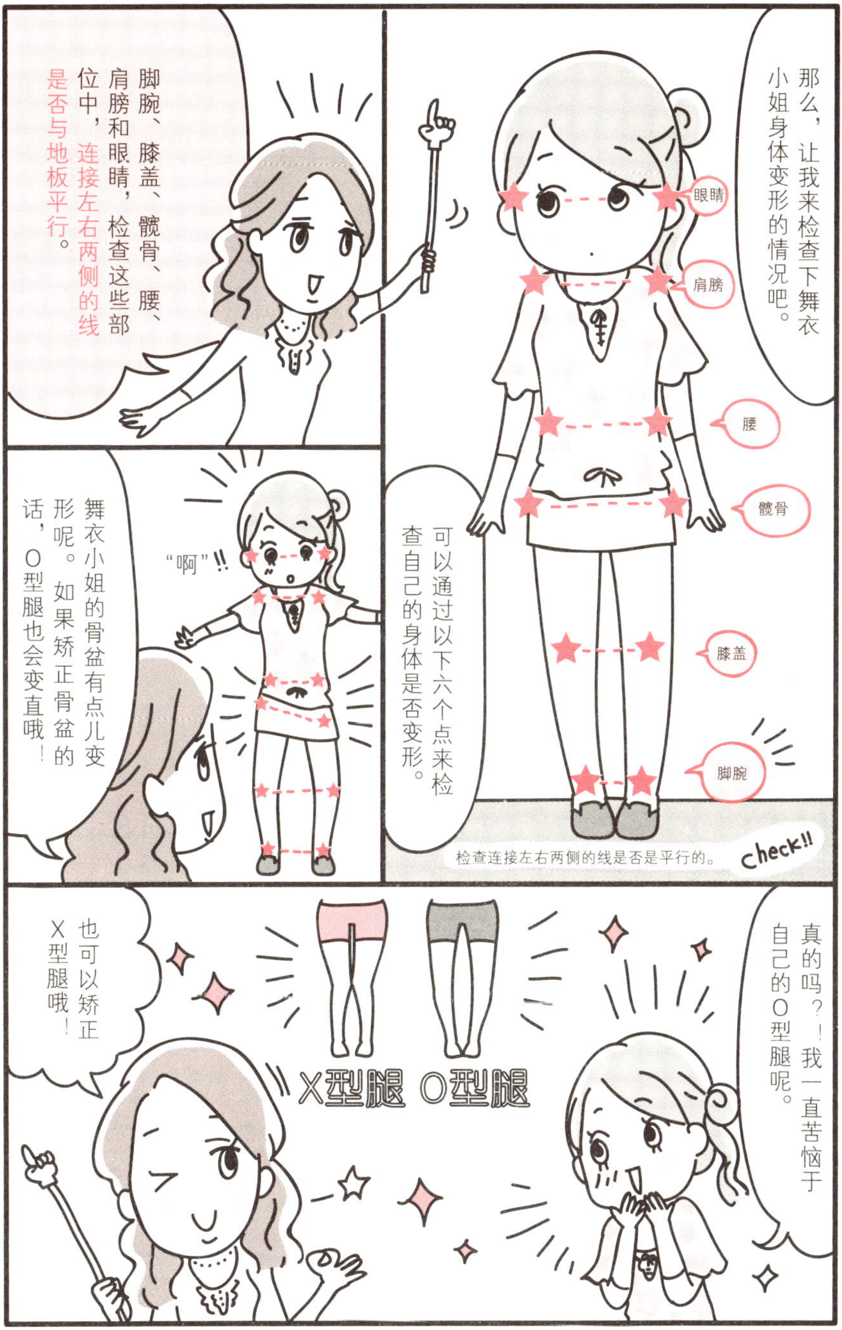

那么，让我来检查下舞衣小姐身体变形的情况吧。
眼睛
肩膀
腰
髋骨
膝盖
脚腕
可以通过以下六个点来检查自己的身体是否变形。
检查连接左右两侧的线是否是平行的。
check!!
脚腕、膝盖、髋骨、腰、肩膀和眼睛，检查这些部位中，连接左右两侧的线是否与地板平行。
“啊”!!
舞衣小姐的骨盆有点儿变形呢。如果矫正骨盆的话，O型腿也会变直哦！
真的吗？！我一直苦恼于自己的O型腿呢。
X型腿
O型腿
也可以矫正X型腿哦！

太棒啦！
嘻嘻嘻
话说回来，为什么转动脚腕就能够矫正身体呢？
这是因为脚腕变柔软之后，它的可活动范围变大了。
膝盖也就能恢复到它原本的位置了。
我们的整个身体是由一个个部分组合而成的。
从脚尖到头顶，身体的各个部分集合在一起，才组合成一个人的。
脚腕、膝盖、骨盆和脖子等处的骨骼全都是连在一起的。
哦哦

其中，脚腕的状况是衡量人的身体健康状况和体形的重要标准。
一周之后
虽然体重没有发生变化，
太棒了！
但每天只是『转动脚腕』三分钟，我的双腿就变细了呢！
因为这是很简单的动作，所以一定要坚持下去哦。
晚上转动脚腕之后，第二天早上腿就会变细呢。
原来如此!!
笔记
我每天早上和晚上也都会转动脚腕呢！
哦哦!!

“转动脚腕”，放松骨盆，下半身变纤细！

人体的各个部分是相互联系的！

我开始深入学习人体是源于“holistic（整体性）”一词，第一次接触这个词时对我冲击很大，印象非常深刻。

尤其是当我遇到“整体医学第一人”带津良一先生之后，我对人体产生了更加浓厚的兴趣。

“整体性”一词包含“全体的”“综合的”“包括的”等含义。的确如此！人类的身体是无法分割成部分的。从脚尖到头顶，人体是由众多部分组合而成，从而成为一个人的。并且，大脑、心脏、肝脏、骨骼、血管、淋巴管及皮肤等都是相互联系，相互影响的，它们之间保持平衡，人体的各项机能才能够正常运转。

通过经营身体护理沙龙以及平时自我保养的经验，我深有体会的一点就是：“人体的各个部分真的是相互联系的。”

相比于矫正骨盆，更应该先矫正脚腕！

我从自己的众多经验中得出了一个结论："脚腕"的状况是衡量人的身体健康状况和体形的重要标准。

大多数脚腕僵硬的人在身体健康方面也会存在其他问题，比如双腿容易浮肿以及其他的部位容易堆积脂肪等。从我之前的减肥经验中也能明白，脚腕、膝盖、骨盆、脊椎和颈椎等关节都是联系在一起的。脚腕矫正之后，髋关节甚至连同上半身也能够自然而然地恢复到正确的位置，进而人的体态也能变好。

最近，骨盆减肥法备受关注，然而矫正了骨盆就能够矫正全身吗？骨盆连接着人体的上半部分和下半部分，作为人体中一个比较大的连接部位是非常重要的。然而，只是矫正了骨盆，而脚腕的状态依旧不好（僵硬、不柔软）的话，身体也会立即变回变形的状态。

脚腕和骨盆的关系

在脚腕僵硬的状态下，日常生活中的坐、立等动作都会导致骨盆的变形。更何况骨盆并不是一块单一的骨头，而是由“骶骨”、位于其末端的“尾骨”以及骶骨两侧的“髂骨”“坐骨”“耻骨”组合而成的。其中，“耻骨”和“尾骨”是可以通过连接着骨盆和双腿的髋关节来矫正的。因此，脚腕变柔软之后，膝关节得到了放松，髋关节也能够变灵活，从而骨盆的变形问题就能够得到改善。骨盆得到矫正之后，双腿得到了平衡，连接在其上的腰椎、胸椎和颈椎也能够变直了。

此外，骨盆还肩负着保护卵巢、子宫和内脏的重任。骨盆发生变形的话，子宫和卵巢的机能就会变差，造成女性痛经。令人高兴的是，只要卵巢能够顺利地分泌出雌性激素，人体的血液流通和新陈代谢就会变好，皮肤的状态、体寒以及浮肿，甚至连便秘等问题都能够得到改善。

所以，请务必认识到先让脚腕变柔软是一件多么重要的事情。

还能够缓解痛经

有不少顾客一直困扰于痛经和更年期烦躁等问题，其中，大部分顾客的脚腕都非常僵硬。对她们来说，“转动脚腕”也是非常有效的。让脚腕变柔软之后，膝关节和髋关节得到放松的话，骨盆的变形就能够得到改善。此外，还可以改善卵巢和子宫出现的一些问题，缓解痛经。

我在身体护理沙龙的日常过程中，除了“转动脚腕”之外，还增加了按摩足底的步骤。这一步骤主要是通过柔化堆积在足底的体内代谢废物，来扩大髋关节的可活动范围。并且，在增加了对足底的按摩之后，小腹的不适感、不协调感、负重感以及疼痛感都得到了缓解。可以看出，在了解人体构造的基础上对身体进行护理，可以取得令人满意的效果呢。

骨盆开合规律的话，还能提升女孩健康！

骨盆的开合与女性的排卵和月经有着密切的联系。月经到来时骨盆会张开，月经的第二天，骨盆张开的程度最大。

之后，骨盆逐渐闭合，通常是排卵期前后闭合得最紧。但是，如果骨盆发生了变形，也有人会在月经到来前夕骨盆是闭合得最紧的。

由于女性的排卵和月经周期是遵循自然规律的，因此，骨盆是否位于固定位置以及骨盆的开合是否规律是非常重要的。

只要看这6处，任何人都能懂！

试着自己来检查身体的变形情况吧

不要忽视身体发出的信号！

我们化妆时都会照镜子，但我们有好好地照过自己的全身吗？让我们仔细观察一下镜子中的自己，脸、肩膀的高度、腰的位置、双脚的朝向以及双腿的粗细等情况吧。此外，还可以试着触摸下自己的身体，检查皮肤的状态、肌肤的柔软程度以及是否有浮肿等问题。

细胞裂变新生、皮肤新陈代谢，我们的身体每天都在发生着变化。尤其是女性由于有排卵和月经等荷尔蒙分泌周期，饮食、运动、精神压力等外在和内在的因素都会促使我们的身体发生变化。

为了维持一定的状态，我们的身体会持续地保持一种平衡，并对自身进行微调整。作为微调整的一环，身体会发出一些信号，来告知我们身体的不适。身体的变形就是其中的一种信号。

✿ 身体变形的自检！

那么，接下来让我们一起来具体地做一下从外形上就能够分辨出来的“变形”检查吧！首先，双腿并拢站直，站立时要并拢双脚的脚后跟，脚尖可微张。其次，并拢膝盖内侧，但不要屈膝。最后，检查如插图所示的这6处是否都与地板平行。

身体发生了变形的人，这些线是不会平行的。

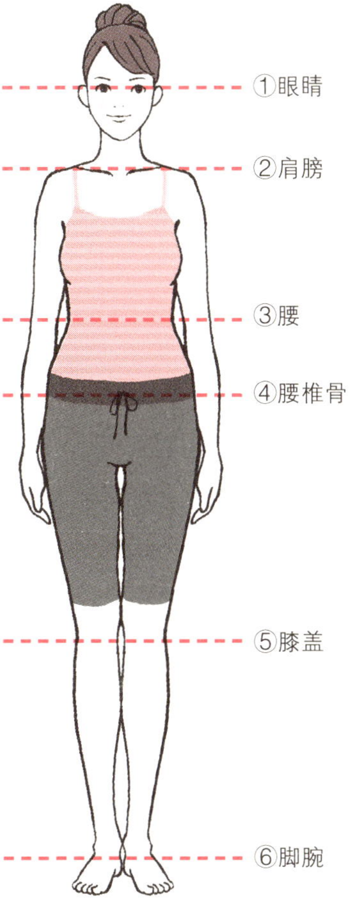

只要让脚腕变柔软，O型腿和X型腿都能够得到矫正从而变成美腿！

只要让脚腕变柔软，连膝盖都能恢复到正确的位置

在身体护理沙龙工作，让我遇到了很多关节存在着变形的顾客。人体是由204～206块骨头组成的，骨头的连接处就是关节。连接处僵硬的话，淋巴液和血液的流通就会不畅，从而容易导致浮肿。

只要“转动脚腕”，关节就能得到放松，浮肿也就会消除。并且，由于脚腕是由人体中一些极细的骨头组成的，因此，只要扩大了这一部位每根骨头的可活动范围，就有可能矫正它们的变形。这样一来，就能够解决关节的变形和错位等问题。

矫正关节的变形，改善O型腿和X型腿

只要扩大了脚腕的可活动范围，膝盖处的关节、髋关节，

甚至骨盆都能够得到放松。人体中离脚腕最近的一处关节是“膝关节”。膝关节位于“大腿（大腿骨）”和“小腿（胫骨）”之间的连接处，是由被称作“关节盘”的三块膝盖骨组合而成的。

大腿骨和胫骨、膝盖骨和大腿骨之间的接触面（关节面）处覆盖了一种叫作关节软骨的缓冲物质。此外，大腿骨和胫骨之间的关节面处还覆盖有另一种叫作半月板的类似于新月形状的缓冲物质。

膝关节是支撑人体的重要关节，与髋关节和脚腕一同协作来完成“站立、行走、下蹲”等动作。因此就可以理解，为何只要“转动脚腕”，就能够放松与其一同协作的膝关节和髋关节了。

膝盖要是僵硬的话，身体的活动就容易变得不稳定，因此，首先扩大膝盖的可活动范围是非常重要的。一同协作的各个关节得到放松的话，腿形也能够变好看。从而，也就可以期待通过“转动脚腕”来改善O型腿或X型腿了。

骨骼和肌肉的作用

骨骼支撑全身，肌肉保护内脏

骨骼和肌肉的相互关系

据说，人体的骨骼数量为204～206块，并且，人体原本就是单独由骨骼来支撑的。支撑着骨骼的肌肉类型则有400种以上，其重量占到了人体体重的40%。这些支撑着人体骨骼的肌肉可大致分为两种，一种是“牵引性肌肉”，另一种是“紧缩性肌肉”。

如果身体发生了变形，为了防止倒下它自身会一直保持着倾斜的状态，这样就会造成肌肉紧张、收缩加快从而使肌肉变得僵硬。一旦如此，人体的神经受到了压迫，被压迫的部位就会产生功能性障碍，血液的流通也会受到阻碍，从而导致肌肉僵硬和肌肉酸痛。

肌肉衰弱的话就会很难瘦下来

肌肉还起到支撑内脏器官和储存脂肪等作用。内脏器官在人体直立时是呈攀爬的形态堆积在人体体内的。因此，骨盆张开的话，内脏就会掉入骨盆中。

一旦如此，内脏受到压迫后其机能就会变差，造成小腹坠胀。此外，肠胃的蠕动变缓会导致便秘；子宫和卵巢没有在正确的位置，则会导致生理周期的不规律以及痛经；而髋关节的变形则会导致O型腿。

不仅如此，如果骨盆发生了变形，骨盆中的肌肉受到拉扯，就容易造成体内代谢废物的堆积。这样一来，血液的流通变差，身体的新陈代谢功能降低，人们就会变得很难瘦下来。

由于人的双腿上分布有大量的肌肉，通过“转动脚腕”，一次性就能够调动多块肌肉。因此，通过肌肉的收缩，可以期待如下效果的出现，即“下半身的活动变顺畅=血流速度加快=新陈代谢变好=成为易瘦体质”。

身体中四分之一的骨骼集中在足部！

足部作为"身体的地基"是非常重要的部位！

那么让我们再深入地了解下足部的骨骼吧。人体的骨骼数量为204～206块。足部有14块趾骨（包括近节趾骨、中节趾骨和远节趾骨）、5块跖骨和7块跗骨，单只脚上就有26块骨头，双脚则有52块骨头。

也就是说，全身的骨骼中有四分之一集中在人体的足部。这些骨头由韧带和关节囊牢固地连接在一起。足部对于直立生活的我们来说犹如"身体的地基"，是非常重要的部位。因此，脚腕能否灵活地活动，其影响是天差地别的。

■足部骨骼的名称

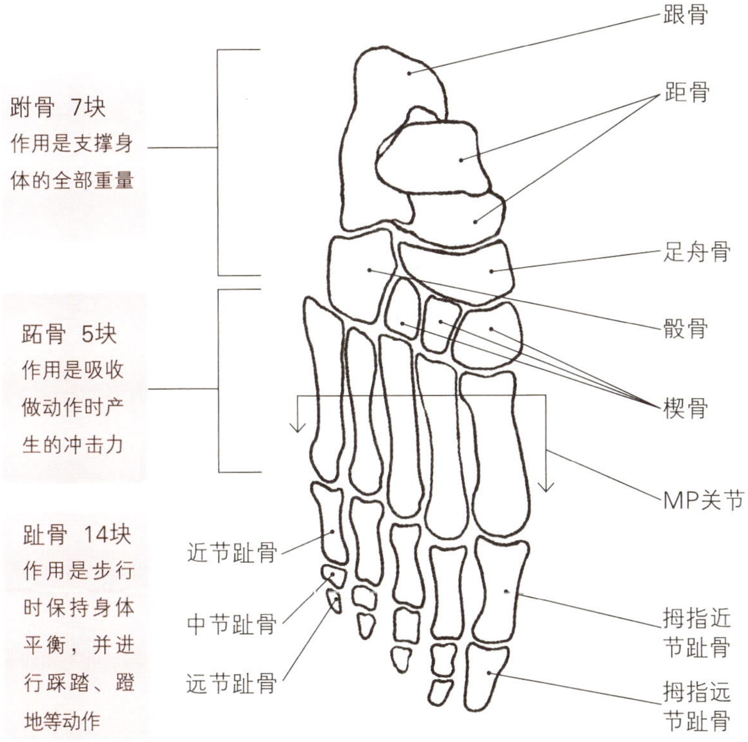
跗骨 7块
作用是支撑身体的全部重量
跖骨 5块
作用是吸收做动作时产生的冲击力
趾骨 14块
作用是步行时保持身体平衡，并进行踩踏、蹬地等动作
跟骨
距骨
足舟骨
骰骨
楔骨
MP关节
近节趾骨
中节趾骨
远节趾骨
拇指近节趾骨
拇指远节趾骨

足部上“三个足弓”的作用

每个足部由26块骨头构成，这些骨头形成三个足弓，发挥着重要的作用。足部的这三个足弓分别是“内侧纵弓”“外侧纵弓”和“横弓”，它们相互配合起到“吸收来自地面的冲击力”“起跳时有效地传达力”以及“保持身体姿态”等重要作用。

这三个足弓的重要之处在于具有像弹簧一样的弹性。脚腕变得僵硬的话，这三个足弓就不能正常地发挥作用，因此我推荐大家要“转动脚腕”。

比较常见的情况有两种。一种是由于内侧纵弓（脚心）失去弹性而不能发挥作用，使得内侧纵弓的高度变低，成为“扁平足”；另一种则是由于横弓消失，足部呈张开状态，成为“高弓足”。

因内侧纵弓消失而成为扁平足的人，双脚容易疲劳，也易出现浮肿。因横弓消失变成高弓足的人，则由于脚背过宽，容易导致脚趾外翻，因此需格外注意。

■三个足弓

内侧纵弓

一般被称为“脚心”。虽然该足弓在承受着身体重量的情况下也不会消失，但近年来因“脚心”的消失而成为“扁平足”的人却不在少数。

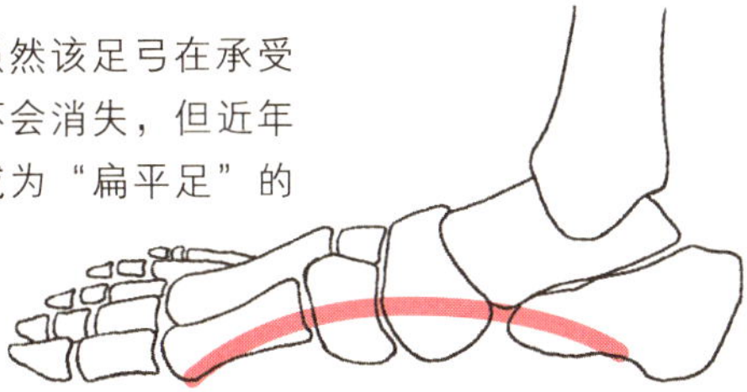

外侧纵弓

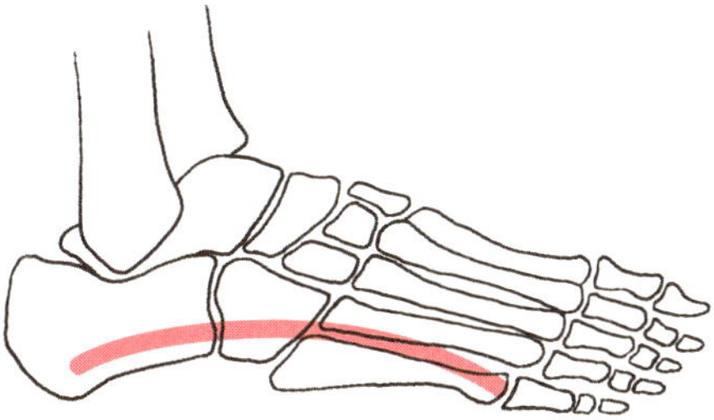

不同于脚心那样肉眼可见的足弓，足部骨骼上还存在着另一个足弓。它在承受了身体的重量之后，会使脚背完全张开，以此来保持身体的平衡，并支撑身体的重量。

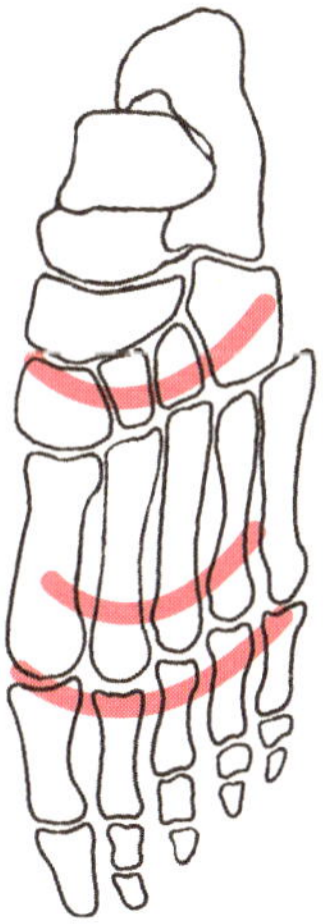

横弓

共分为前、中、后三个足弓。脚底板的脚趾根部有一排比较硬的呈横向排列的突起骨头，这里便是“前横弓”。手指从前横弓向后滑动会感觉到一个凹陷的部位，这里便是“中横弓”。再往后，位于脚背最高处的则是“后横弓”。

美腿专栏

因身体变形而导致小腹坠胀？！

随着年龄的增长，女性会越来越注意自己小腹坠胀的问题。由于女性的皮下脂肪通常多于男性，这样的先天原因是无法改变的，但事实上身体的变形也可能成为小腹坠胀的原因。

比如，长时间坐着办公的话，上半身会一直处于紧张状态。再加上不好的坐姿习惯，更会加速小腹坠胀问题的产生。

防止小腹坠胀重要的是要注意以下几点：坐着的时候要保持骨盆的立挺，要注意脊椎是呈弯曲状的（呈S形），以及要有意识地活动上半身的肌肉。这样做还能让骨盆变得紧实，从而达到一箭双雕的目的。

有很多人会认为“腹部凹陷=腹肌”，然而，在身体发生了变形的状态下锻炼腹肌，反倒会引起腰痛等问题，还会增加腹部脂肪的厚度。

因此，改善身体的变形情况才是我们的首要任务。让我们一起来转动脚腕矫正身体吧！

步骤3

按摩脚腕，打造美腿双重效果！

双重效果！

“转动脚腕+按摩”，更利于排毒

双倍排出堆积在足部的体内代谢废物！

体内代谢废物在足部堆积的原因有“新陈代谢的功能衰退”“双腿直立行走时受到重力的影响”等。这些均容易造成血液的流通不畅，从而导致体内代谢废物愈加容易堆积在足部。

足部作为“身体的地基”，是人体的基础部位。脚底和脚腕具有“收缩和舒张的功能”，并起到“缓冲的作用”。此外，它们还能起到促进下半身血液循环以及缓解关节损伤的作用。由于足部支撑着身体的全部重量，因此必须保证它的“安定性”和“可活动性”。只有当足部能够吸收来自地面的冲击力、对自身动作进行调整，并且能够防止身体倒下时，才算是处于正常状态。

通过转动脚腕使该处的关节变柔软之后，因重力作用而堆积在脚下的体内代谢废物就可以排出体外，血液和淋巴液的流通也能变得顺畅。在此基础上，再对足部加以按摩的话，转动脚腕之后，甚至连堆积在脚尖的体内代谢废物也能够排出体外。这样一来，就能够“打造”更加健康的美腿了！

从脚底开始朝着心脏的方向按摩

接下来要介绍的按摩手法，是沿着淋巴的分布状况朝着心脏的方向进行的。首先，一边刮擦“脚底”来排出堆积在此处的体内代谢废物，一边从“脚心”开始按照“脚背→脚腕→小腿肚→膝盖周围→大腿→大腿根部”的顺序来仔细地按摩双腿。

“转动脚腕”和按摩绝不是什么难的事情，这是顺应了人体的机理，并对身体有益的方法。为了自己的身体，请坚持每天做3分钟吧。并且，要多关心自己的身体，第二天早上要能切实感觉到自己的身体变轻盈了。

按摩的具体方法将会在下文做介绍。那么，让我们开始吧！

整条腿和膝盖
都不可思议地变纤细了！

去厕所的次数增多，双腿变得纤细！

通过“转动脚腕”和“按摩”的组合，让我们进一步提升瘦腿的效果吧。“转动脚腕”能够加速排出堆积在脚尖的多余水分和体内的代谢废物，从而膝关节和骨盆等关节就能够得到放松。在此基础上再加以按摩的话，可以有惊人的效果。

我自己在“转动脚腕”之余，还增加了包括脚腕在内的腿部按摩。这样做之后，去厕所的次数明显增多，第二天双腿变得纤细而轻盈，让我感到十分惊讶。由于足部是人体离心脏最远的部位，所以不经意间双腿浮肿和脚部冰冷的问题就会加剧。

消除堆积在膝盖的赘肉、皮肤变光滑！

膝盖周围一旦有了赘肉立马会很显老。而且，这里的赘肉即便运动了也是无法减掉的。它的产生绝大多数是由于淋巴液的流通变差。认真地对膝盖周围进行按摩的话，膝关节就能变灵活，腿部看起来就会显得纤细了。

其中，对离膝关节最近的一处淋巴结即“腘窝淋巴结”进行按摩，并打通此处的淋巴结是非常重要的。要注意在按摩这个部位时，几乎所有人都会感到疼痛。按摩时手指要完全陷入膝盖内侧的淋巴结，并通过刮膝盖内侧来打通此处的淋巴结。

这样一来，堆积在膝盖周围的体内代谢废物就会开始随着淋巴液的流动排出。由于膝盖两侧和内侧同样也堆积着大量的体内代谢废物，因此，促进此处淋巴液的流通是非常重要的。

此外，大部分人容易忽视膝盖部位的肌肤。如果不使用润肤露等进行护理的话，膝盖处的皮肤就会变得粗糙暗沉……但是，只要对它进行按摩，使它周围的血液流通变顺畅之后，这里的皮肤也能够变光滑。

美腿按摩①

脚底按摩

要点

脚底堆积了大量的体内代谢废物后，不仅会有颗粒感，可能还会伴有疼痛感，所以请认真地按摩脚底，来放松脚底肌肉。

1. 按压涌泉穴

为了能够让手指轻松地滑动，按压涌泉穴时要在脚底涂抹上足够多的乳液。

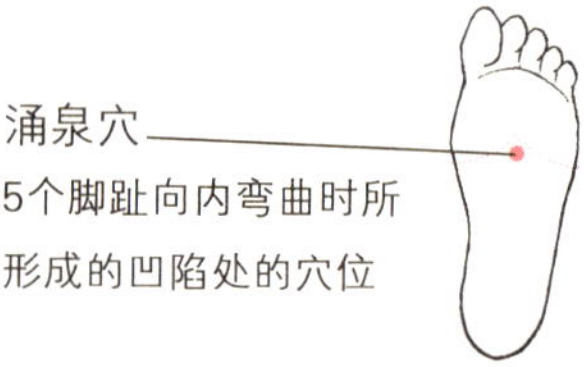

2. 从涌泉穴开始按压至脚的拇指和食指之间

此处是最容易堆积体内代谢废物的部位。经常穿高跟鞋的人，此处会有明显的颗粒感。

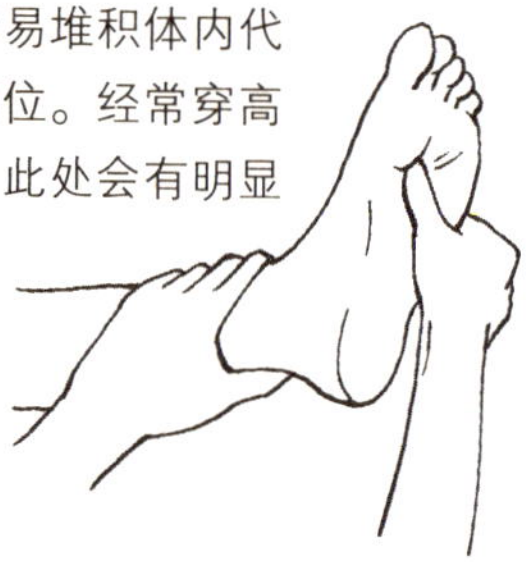

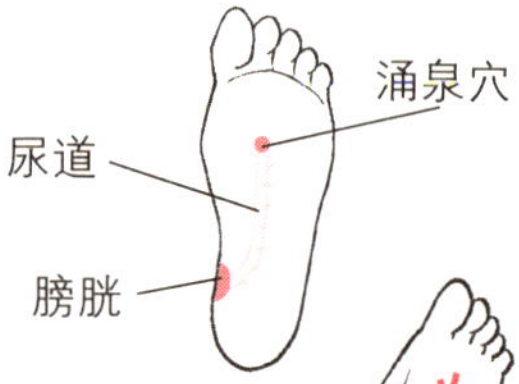

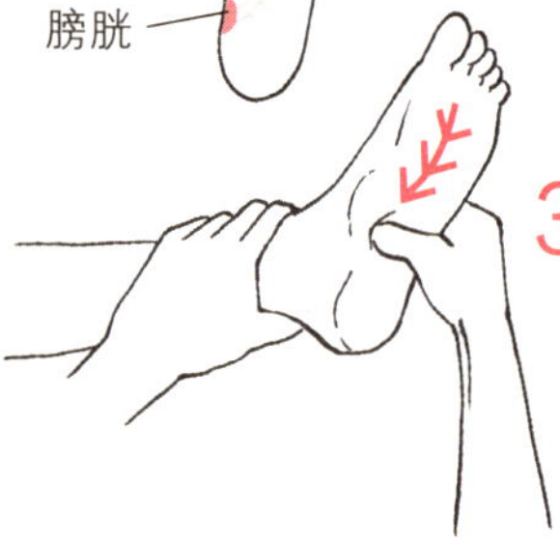

3. 手指用力按压足弓

朝着脚后跟的方向，手指用力像画线条一样地按压脚底的足弓。因此处有与尿道和膀胱相对应的穴位，因此要像开辟通道一样地用力按压。

美腿按摩②

脚背按摩

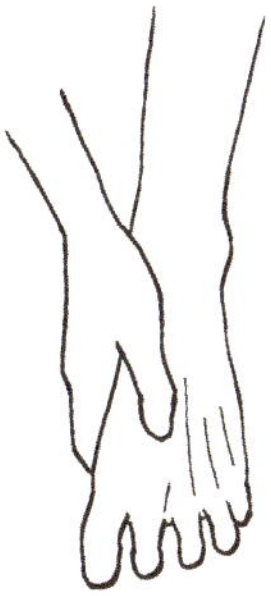

1. 推压脚趾之间的骨骼缝隙

为了能够让手指轻松地滑动，按摩时要在脚背涂抹上足够多的乳液。

要点

双腿浮肿的人，其脚背也会堆积大量的体内代谢废物！因此，按摩脚背时要注意按压它的趾骨和跖骨。

脚背的反射区

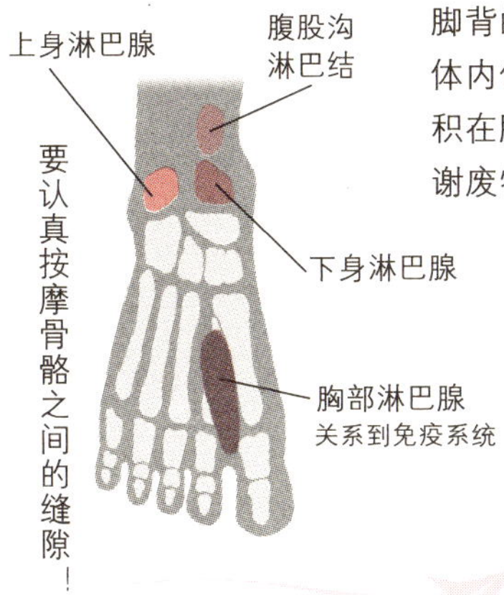

2. 一直推压至脚腕处

脚背的骨骼之间堆积有大量的体内代谢废物。因此，要让堆积在脚尖的呈颗粒状的体内代谢废物集中到脚腕处。

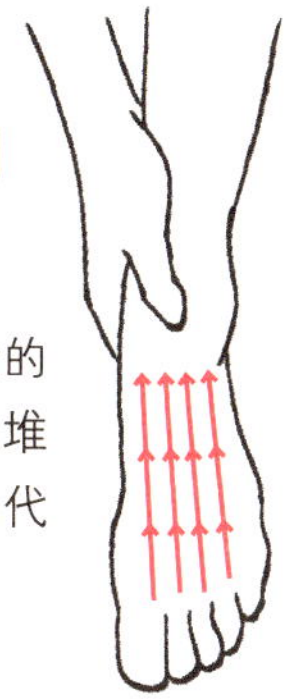

※脚腕周围分布有上身淋巴腺、下身淋巴腺以及腹股沟淋巴结的反射区，因此要认认真真地按摩此处。

何为反射区？

反射区是集中了众多器官和身体部位的末梢神经的区域。

按摩此处的话，能够刺激与之相对应的器官及其生理机能，从而促进血液的循环。

美腿按摩③

脚腕按摩

脚腕内侧的反射区

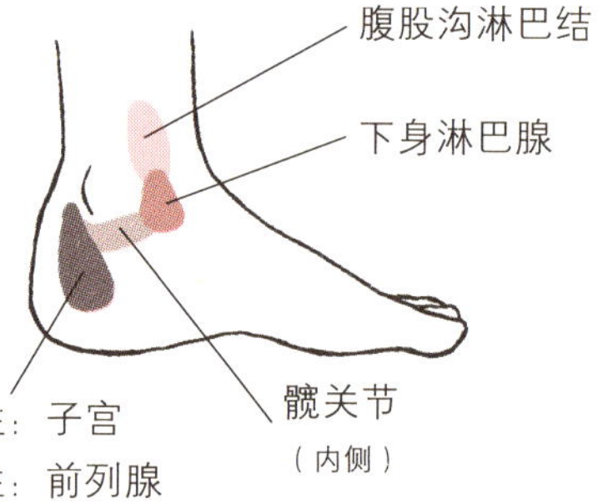

要点

脚腕内侧堆积有大量的体内代谢废物。脚腕的内侧周围分布有与髋关节（内侧）、下身淋巴腺及腹股沟淋巴结相对应的反射区。

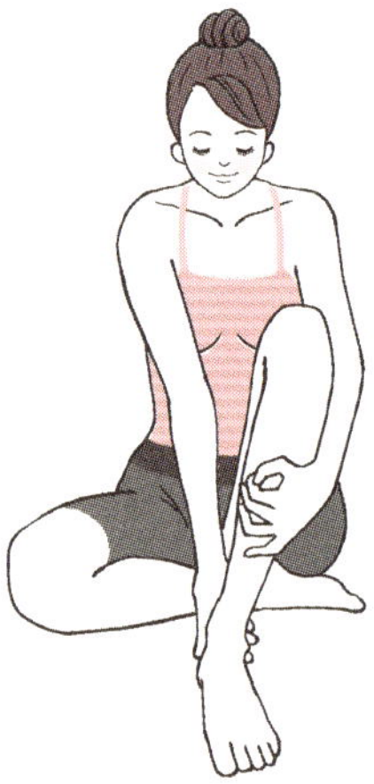

1. 抓住脚腕内侧

拇指放于脚腕稍下的部位，用食指和中指抓住脚腕的外侧。

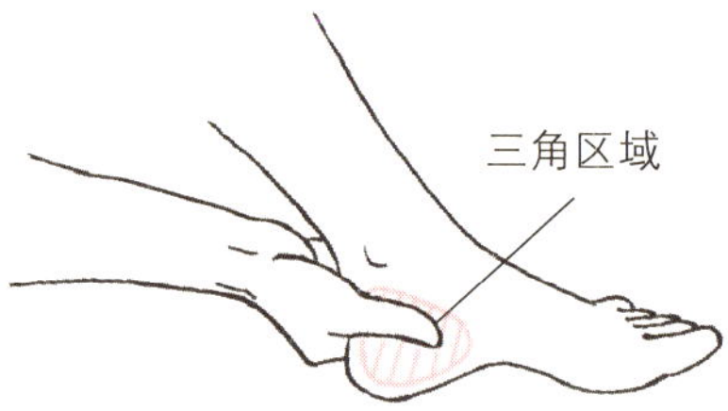

2. 用拇指按压三角地带

均匀地按压此处的三角区域，虽然会疼，但要认真地按压。

3. 按摩脚腕内侧

根据上图所示的反射区来仔细地按摩脚腕周围。将已呈颗粒状的体内代谢废物按得柔软之后便于将其排出体外。

要点

脚腕外侧也同样堆积有大量的体内代谢废物。脚腕的外侧周围分布有与髋关节（外侧）、下身淋巴腺相对应的反射区。

脚腕外侧的反射区

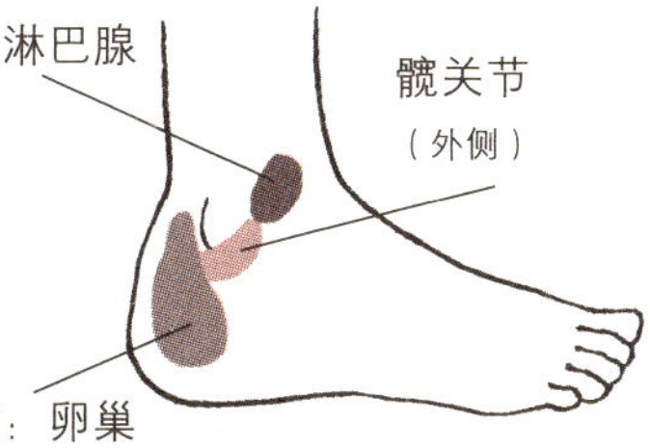

1. 抓住脚腕外侧

用拇指、食指和中指抓住脚腕的外侧。均匀地按压此处的三角区域。虽然会疼，但要认真地按压。

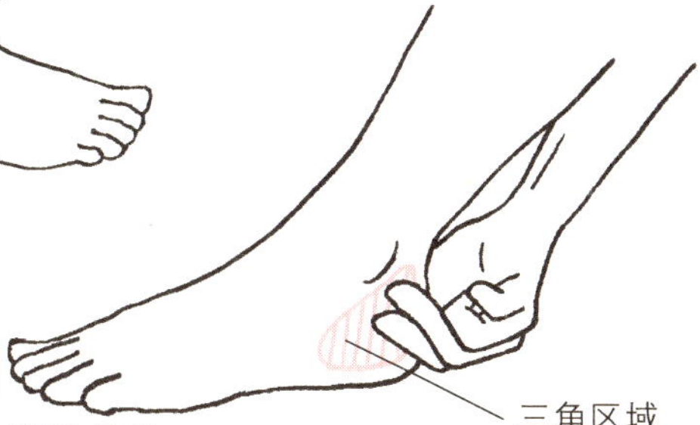

2. 手指向上滑动按压

捏住跟腱的同时，向上滑动手指。一直按压至膝盖内侧的腘窝淋巴结处。

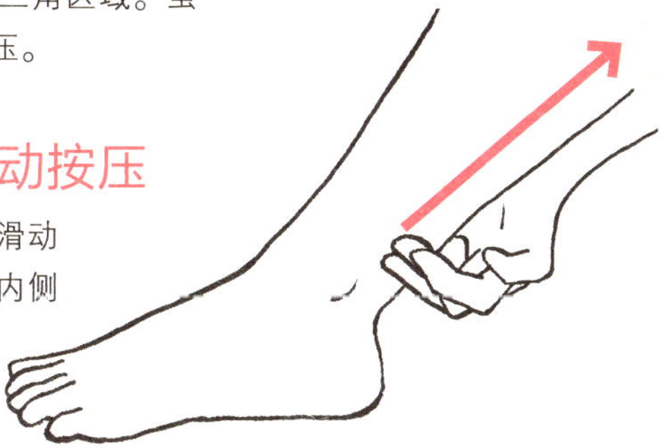

3. 按摩脚腕外侧

根据上图所示的反射区来仔细地按摩脚腕周围。将已呈颗粒状的体内代谢废物按得柔软之后便于将其排出体外。

美腿按摩④

小腿肚按摩

要点

小腿肚上的肌肉一旦衰弱，血液的流通就会不畅，容易造成体内代谢废物的堆积，还会导致双腿的冰冷和浮肿。所以，让我们一起来促进血液和淋巴液的流通吧！

将体内的代谢废物引流到淋巴结中

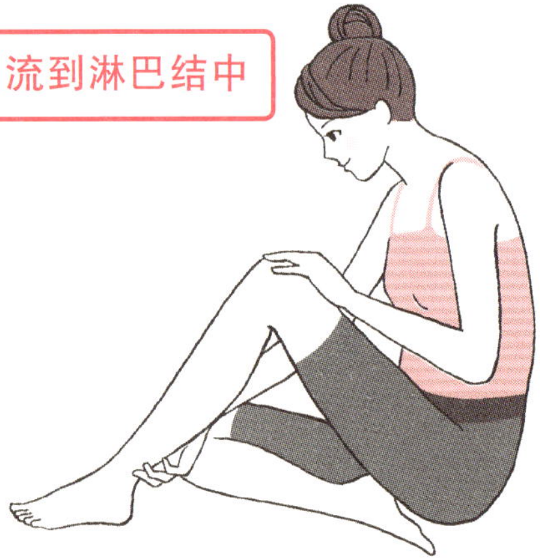

1. 揉捏跟腱

用拇指和食指揉捏跟腱。

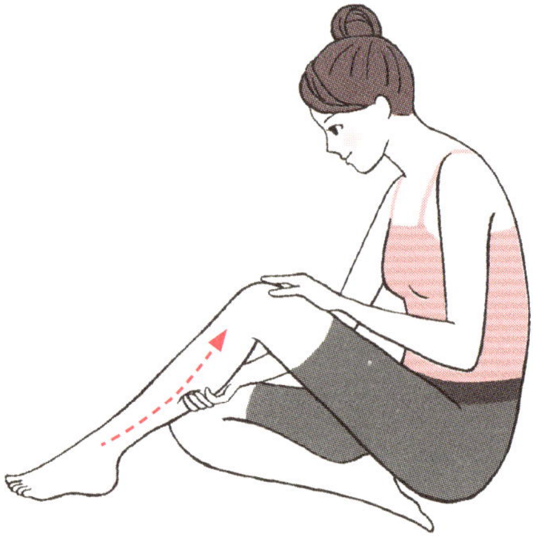

2. 捏小腿肚

用手指抓住小腿肚，自下而上地捏小腿肚。

3. 按压并打通腘窝淋巴结

用食指和中指在膝盖内侧的凹陷处画圆，以此来按压并打通此处的淋巴结。

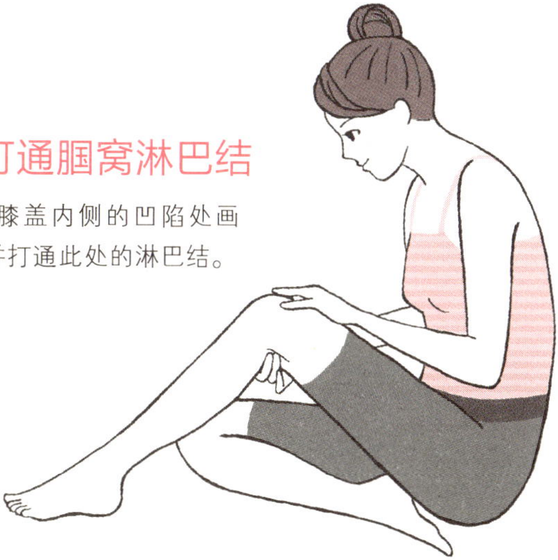

4. 将体内的代谢废物从脚腕处引流到腘窝淋巴结中

自下而上地滑动手指来按压小腿肚。

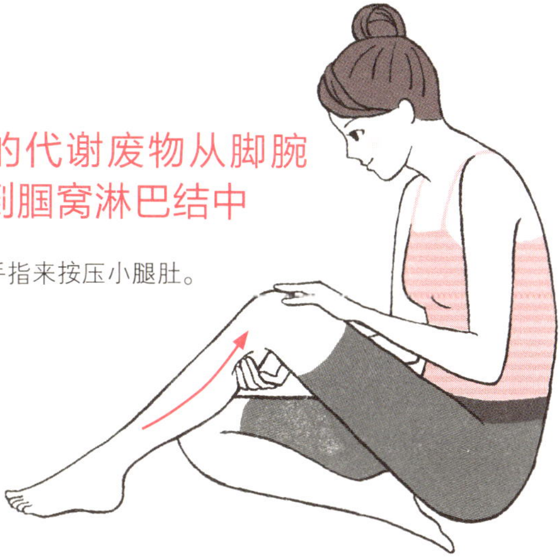

美腿按摩⑤

小腿肚按摩（在床上）

要点

促进小腿肚血液流通的简单方法，就是让其自下而上地流动。这是躺着也能够做的小腿肚按摩法，非常适合繁忙的生活。

1. 将右脚的脚腕放到左腿的膝盖上

仰面躺下，双手手掌置于床垫上。左腿膝盖弯曲，并将右脚脚腕放到其膝盖上。

要让小腿肚一直处于柔软状态！

一旦血液流通变差，双腿就容易冰冷造成浮肿，因此要尽量保持小腿肚的柔软。

健康的小腿肚是具有弹性且稍微有点儿温度的。最好要有适量的肌肉，没有堆积乳酸等致疲劳物质，且能够保持柔软的状态。

2. 滑动右腿至膝盖内侧

从脚腕处开始，滑动右腿的小腿肚至膝盖内侧。

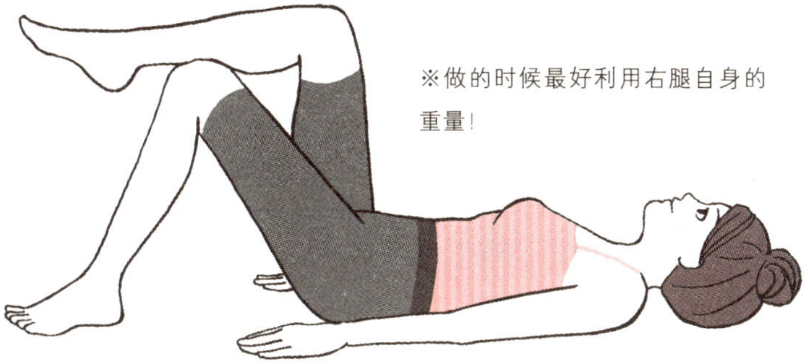

※做的时候最好利用右腿自身的重量!

3. 再滑动右腿至脚腕处

再从膝盖内侧开始，滑动右腿至脚腕处。

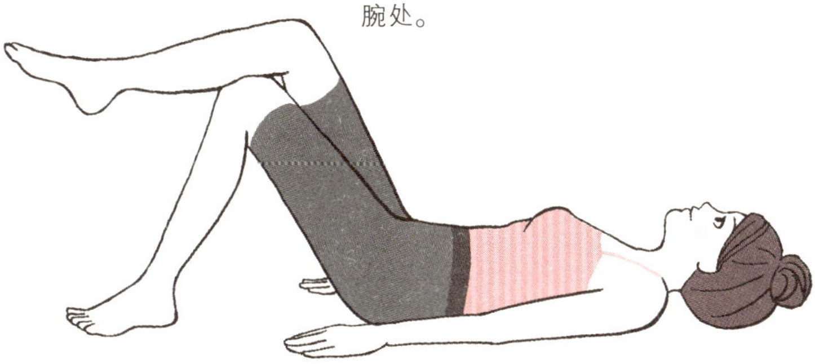

※另一条腿也重复同样的动作。这样重复3~5次的话，第二天早上双腿就会变纤细!

美腿按摩⑥

膝盖周围按摩

要点

膝盖周围的脂肪和体内代谢废物是相当难以消除的！按摩此部位的关键在于要固定膝盖。排出膝盖周围的体内代谢废物并让其变轻松的话，膝关节的活动就能够变灵活。

1. 沿着膝盖骨自下而上地按压

用拇指以外的手指沿着膝盖骨（膝盖处像盘子一样的骨头）的外廓一边按压一边画圆。按摩时，双手要包住膝盖骨。

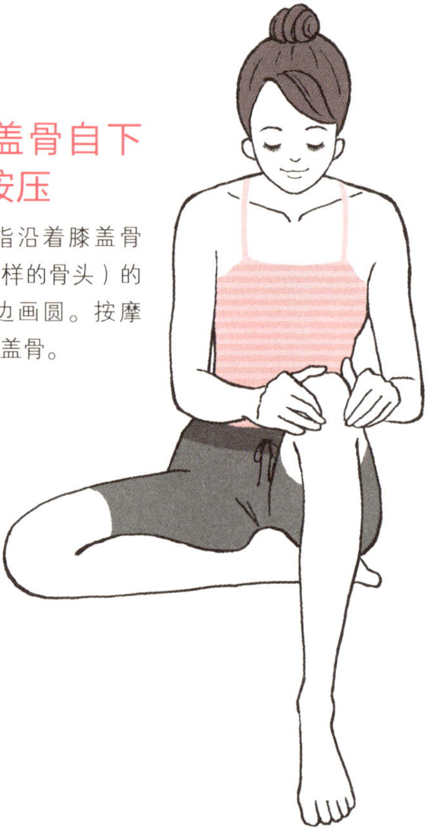

2. 按压膝盖骨的上部

用拇指边画圆边按压膝盖骨的上面部位。

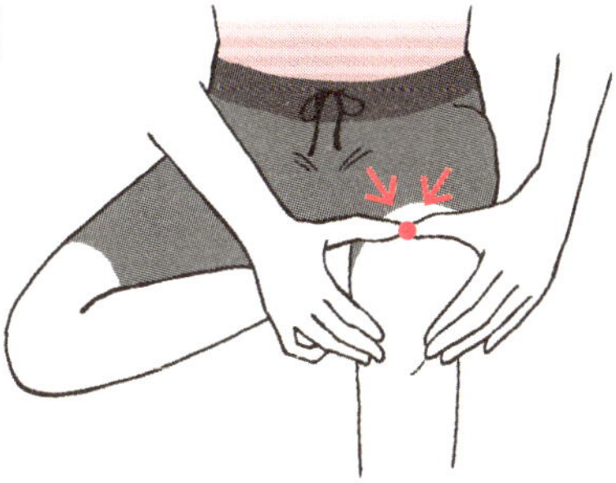

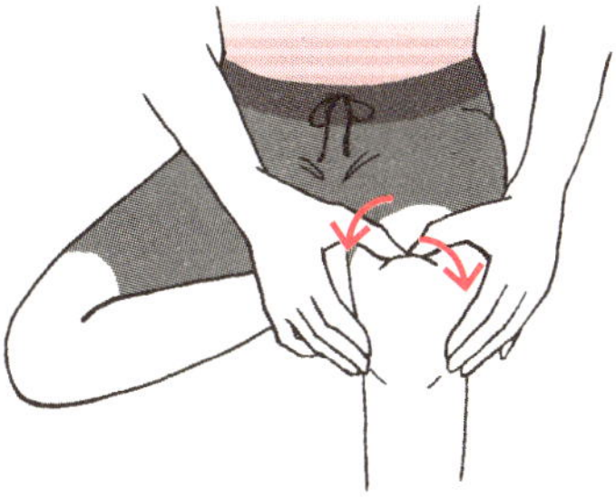

3. 沿着膝盖骨自上而下地按压

用拇指沿着膝盖骨，画圆式地滑动手指进行按压。

4. 按压并打通腘窝淋巴结

用食指和中指在膝盖内侧的凹陷处边画圆边进行按压。

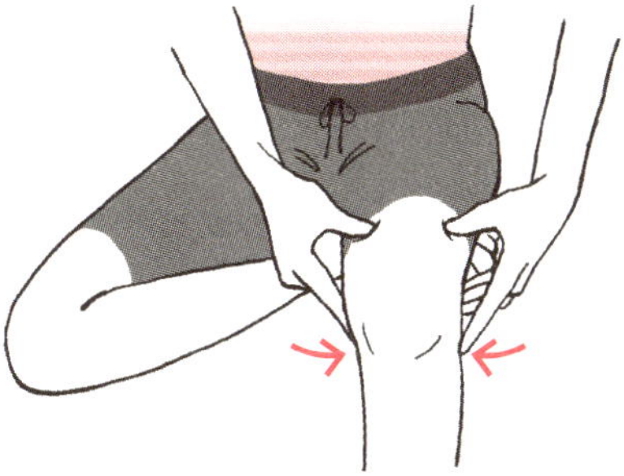

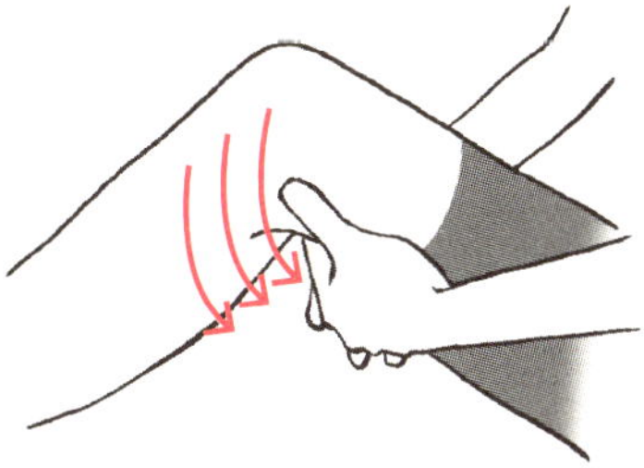

5. 将体内的代谢废物引流到腘窝淋巴结中

将拇指以外的手指放入膝盖内侧的凹陷处，自上而下地滑动拇指进行按压。

※另一条腿也重复同样的动作。

美腿按摩⑦

大腿按摩

要点

大腿处容易堆积皮下脂肪！通过按摩来排出堆积在此处的体内代谢废物，就能够变成美腿。

大腿外侧

1. 捏大腿外侧

用双手捏大腿的外侧，让其变暖和起来。

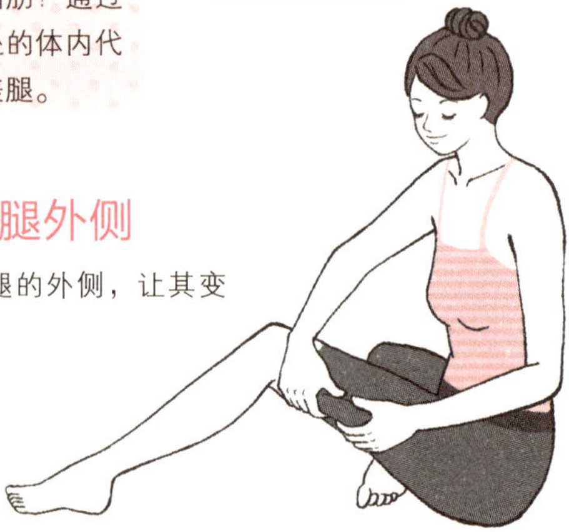

2. 双手捏住大腿外侧并自下而上地滑动手指

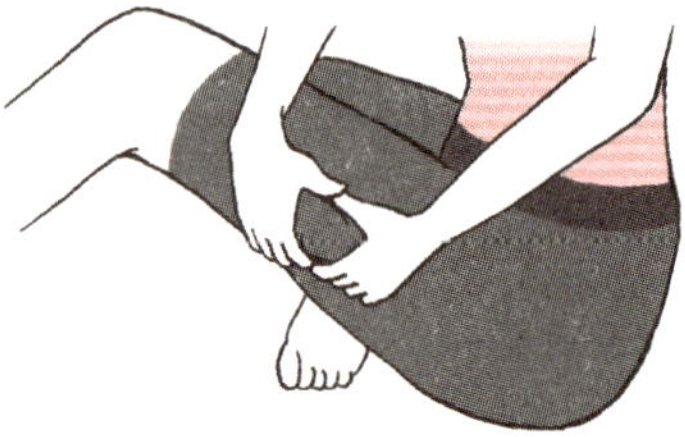

朝着腹股沟淋巴结的方向自下而上地捏大腿外侧。

3. 手指一直滑动至大腿根部

双手捏住大腿外侧的同时，要进一步揉捏此处的肌肉让其变柔软。

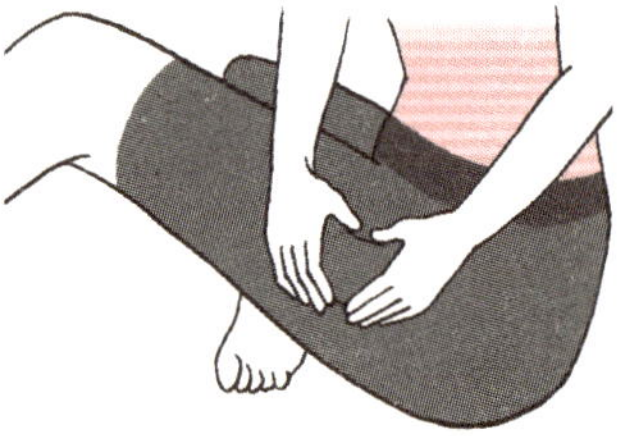

※另一条腿也重复同样的动作。

大腿内侧

1. 捏大腿内侧

用双手捏大腿的内侧，让其变暖和起来。

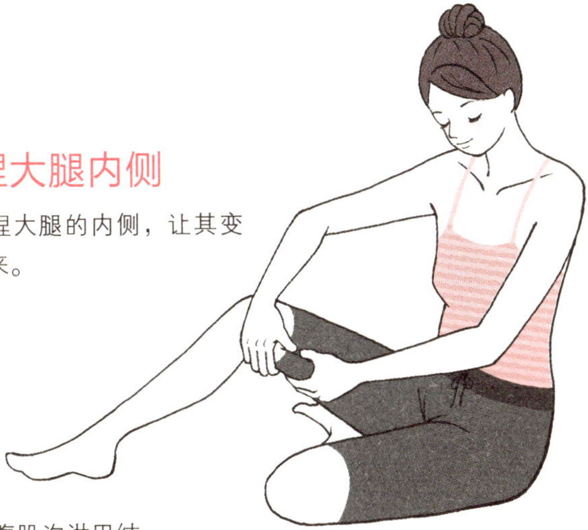

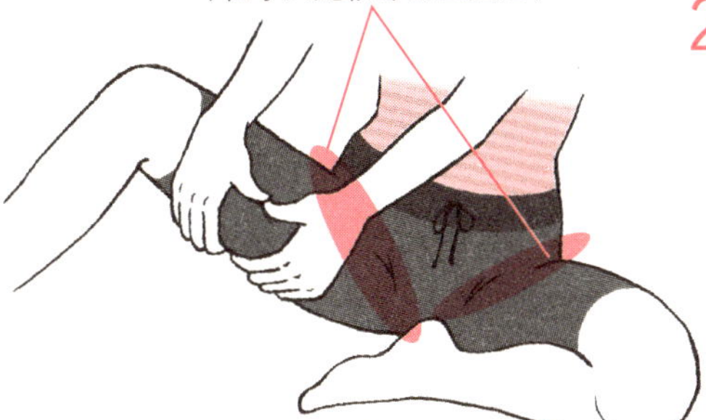

2. 双手捏住大腿内侧并自下而上地滑动手指

朝着腹股沟淋巴结的方向自下而上地捏大腿内侧。

3. 手指一直滑动至大腿根部

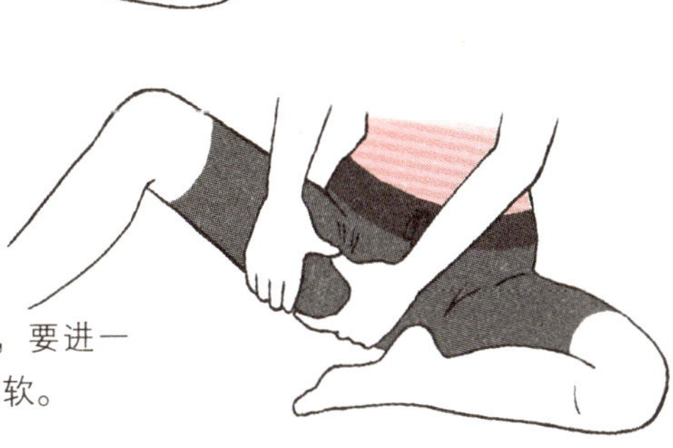

双手捏住大腿内侧的同时，要进一步揉捏此处的肌肉让其变柔软。

※另一条腿也重复同样的动作。

美腿按摩⑧

大腿根部按摩

要点

大腿根部分布有巨大的淋巴结。认真打通此处的淋巴结之后，血液和淋巴液的流通就会变好，就能够变成纤细的美腿了！

1. 把手放在大腿的根部

右腿向前伸，并弯曲左腿膝盖，让左脚脚底贴在右腿的大腿根部。之后把右手放到大腿根部的凹陷部位上。

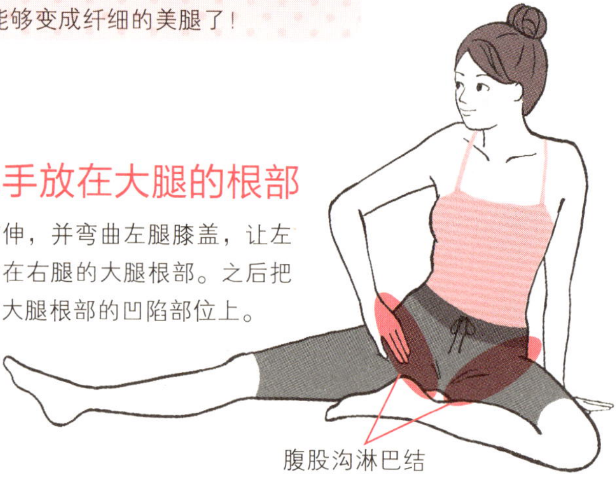

2. 交叠双手指尖进行按压

将左手指尖交叠在右手指尖上，按压并打通此处的腹股沟淋巴结。并且，进行按压的手指在按压时要感受到此处脉搏的跳动。

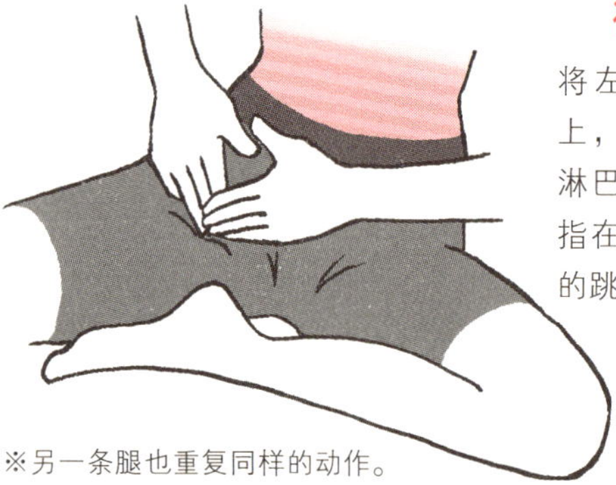

※另一条腿也重复同样的动作。

脚腕的拉伸

要点

俯卧时进行拉伸能够达到让脚腕变柔软的效果。所以，在“转动脚腕”和做完按摩之后来拉伸脚腕吧。

1. 压脚背使其贴近屁股

俯卧时，用双手朝着屁股的方向压脚背。

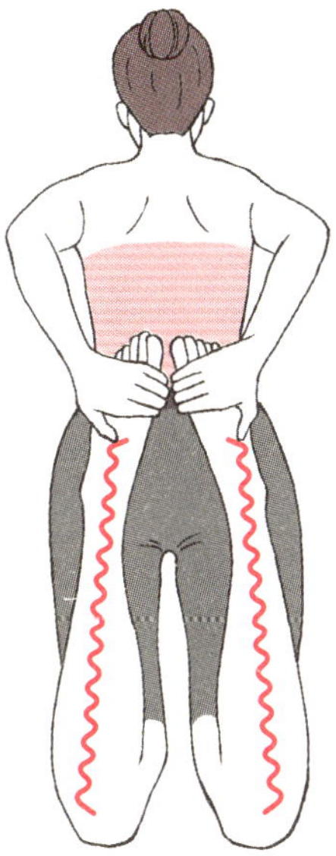

2. 脚背朝外的同时向内转动脚背

脚背朝外的同时，按照箭头的指示方向来转动整个脚背。

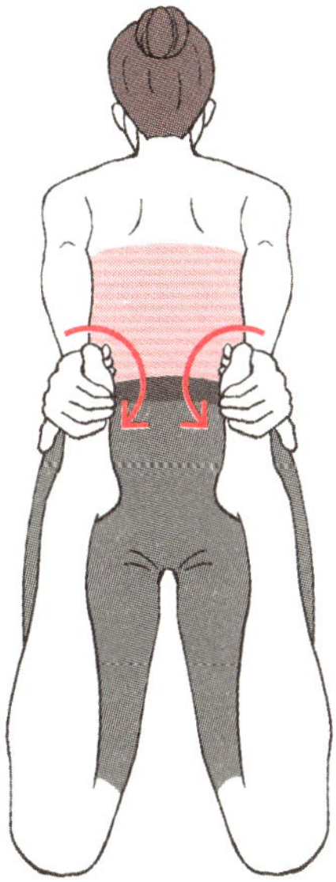

3. 压脚趾使其贴近屁股

压住脚趾，使其尽量地贴近屁股。

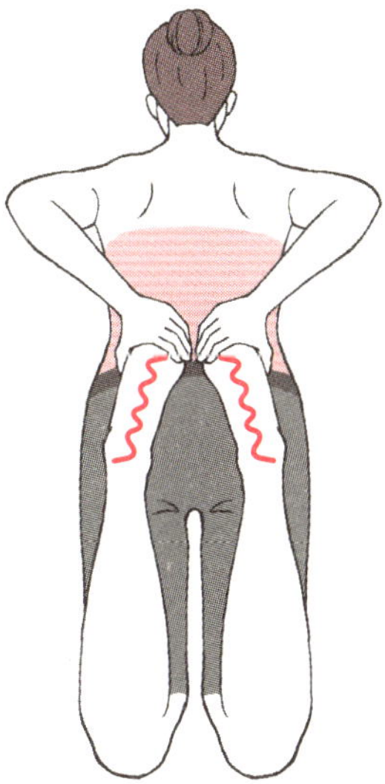

※拉伸部位会很舒服！

美腿专栏

通过淋巴护理，脸部可产生媲美微整形的变化！

最近经常听到顾客十分欢喜地对我说：“感觉像做了微整形一样，整个脸都变小了呢！”这便是淋巴护理的功效。

淋巴护理具有很强的瘦脸功能！消除了脸部整体的浮肿之后，眼睑、脸颊和脸部的轮廓就变得清晰起来。脸部肌肉的紧张情况得到了缓解，堆积在脸部的体内代谢废物便能够被排出体外。尤其是颧骨、嘴角及脸部轮廓会产生惊人的变化。

这就像捏泥人一样，把堆积在骨骼周围的体内代谢废物都排出体外之后，脸部的肌肉得到了放松，脸部的轮廓便得到了调整。淋巴护理不仅能够改变脸部的轮廓，因为面部神经变柔软了，连带着面部的表情也变得柔和起来。并且，血液的流通变好之后，脸颊处即使不涂腮红也能够有自然的红润感。

也就是说，如果面部神经得到了放松，面部表情就能够发生变化！大家自然而然地就能够拥有美好的笑容了。

并且，在消除了眼睑的浮肿之后，由于双眼皮的人在人群中能一眼就被分辨出来，所以我们脸部的变化才会让周围的人感到惊讶。

步骤4

能够变成美腿的生活习惯

舒适的寝具能让你在睡眠中缓解疲劳

脚腕位置高于心脏的话能够消除浮肿

让心脏和身体得到休息的最好办法就是睡觉！我们一生中有三分之一的时间是在睡眠中度过的。睡觉时要注意保持愉悦的心情以及良好的睡姿。

如果睡觉时在脚下垫上靠枕或枕头，让脚腕的位置高于心脏的话，就能够促进淋巴液的流通，从而消除双腿的浮肿。所以，我推荐大家在入睡之前可以坐在床上一边听着自己喜欢的音乐，一边来按摩双腿。

我们在睡眠的过程中会分泌出各种各样的荷尔蒙，以此来维持身体的正常机能。这不仅能够让我们保持身体健康，还可以缓解身体疲劳。

并且，保证睡眠质量和睡眠时间也是非常重要的。如果睡眠时间不充足，身体的新陈代谢功能就会变差，皮肤就会失去弹性和光泽。因此，我们每天至少要保证6个小时的睡眠时间。

必须要保持寝具的干净

南丁格尔在其撰写的《护理笔记》中就对此有过阐述。在此我只简单介绍下它的主旨大意：“人类通过肺部以及皮肤每天至少会排出1.7升的水分，这些被排出的水分当中富含一旦进入空气就会立马腐败的有机物。那么，这些水分最终都去向何方了呢？答案就是，其中的绝大部分都被我们的寝具所吸收了。”

在读了这本书之后我才意识到“必须要保持寝具的干净”。因此，为了能够舒舒服服地睡觉以及保持身体的健康，我一直注意勤换床单等。

优质的睡眠能够加速缓解身体的疲劳。此外，在寝具上喷一些自己喜欢的香氛，也是一个让你获得优质睡眠的好方法。

在浴缸中“转动脚腕”的话效果会倍增！

在浴缸中“转动脚腕”

最近，在早晨只淋浴而不泡澡的人越来越多，这将会成为双脚冰冷的元凶。

体温上升1摄氏度的话，身体的新陈代谢就会加速13%。因此，保持身体的暖和是非常重要的。

那么，就让我们一起来边泡澡边“转动脚腕”吧。因为水具有浮力，便于活动脚趾和转动脚腕，所以，即使是脚腕很僵硬的人，在浴缸中也能够轻松地“转动脚腕”。为了缓解身心疲劳，获得优质的睡眠，请大家务必要多泡澡。

按摩整条腿来促进血液流通

泡澡时，身体变暖和之后，可以把双腿伸出来放到浴缸边上。此时，为了能够更有效地消除浮肿，要把双腿放到高于心脏的位置，并反复地缓慢转动脚腕。除此之外，还可以将手指插到脚趾的缝隙中来“转动脚腕”。

脚腕变得柔软之后，再开始按摩脚底，并从脚腕处开始自下而上地刮擦小腿肚。

按摩时，注意要像是把那些因受重力影响而堆积在腿上的毒素和体内代谢废物往上推挤一样地反复揉捏小腿肚。并且，在小腿肚变柔软之后，要进一步加大揉捏它的力度。这样做的目的是让它起到跟肌肉扩张和收缩一样的作用。按摩完小腿肚之后，还要从膝盖内侧开始自下而上地按摩整个大腿，以此来放松大腿的肌肉。

浸泡在温暖的水中，血管就会自然张开，血液的流通就能够逐渐变好。在此基础上再加以按摩的话，则能够进一步促进静脉和淋巴液的流通，从而起到消除浮肿的作用。每天坚持按摩的话，即使到了傍晚，双腿也不会再出现浮肿了。

居家服的选择方法

这样的居家服
会让你长赘肉！

拒绝没有腰身的居家服！

回到家里最幸福的事情就是换上舒适的居家服了！宽松的无领汗衫或者是没有腰身的连衣裙……我想大多数人回家后都会换上舒适且宽松的衣服吧。

我在早上起床之后，即使没有外出的打算，也会换上随时可以出门的衣服。早上起床后换好的衣服，要一直到晚上泡澡的时候才会脱下来。当然了，打扫卫生或者是炸东西的时候，我还是会换上其他衣服的。如果穿着宽松的居家服，身体的姿态就会变差，后背和腹部的肌肉容易失去紧张感，整个人会显得很松垮，没精神。

虽说自己的家中应该是让人放松的地方，但还是要切记不可过于放松，更不能穿腰身具有弹性的居家服！虽然这样的居家服穿起来很舒服，但往往等你反应过来的时候就会发现自己突然变胖了好多！这种情况经常发生。

吃饭的时候也是如此，如果穿着平常的衣服，吃饱了之后衣服就会显得有点儿紧，一般在这种情况下就不会过度饮食。但是，如果是穿着腰身是松紧带的下装或者连衣裙的话，因为衣服的腰身可以无限变大，一不小心就会吃撑。如果这样的话，再怎么“转动脚腕”，也是无济于事的。

即使在家中也要穿修身的居家服

一般来说，居家服的款式都是便于掩盖身形的。因此，即使是要换居家服，也请穿那些在一定程度上比较修身，或者是能够让你看清自己身体曲线的衣服吧。比如，可以穿迷你裙或者是能够观察到自己腿部线条的牛仔短裤等。

想要拥有一双美腿，平日里注意自己的身材，并在脑海中想象自己的理想身材是非常重要的。

显老的“背部赘肉”的产生在于姿势不对！

十几岁的时候由于姿势不对导致背部赘肉的产生！

且不说想要拥有一双美腿，为了能够拥有曼妙的身体曲线，矫正自己的身体姿势也是非常重要的。脚腕的关节得到放松之后，全身的骨骼也能够得到放松，血液和淋巴液的流通就能够变顺畅。事实上，血液和淋巴液的流通与身体的姿势有着密切的联系。

我十几岁的时候，由于身体姿势非常不好，经常被母亲训斥，年纪轻轻背部却长了很多赘肉。但是，当我为了做腿模而接受了形体训练之后，身体的姿势得到了矫正并开始注意保持良好的身体姿势，背上的赘肉竟然逐渐减掉了。因此，自那以后我就非常注意自己的身体姿势。

✿ 无论何时何地都要矫正姿势！

无论何时何地都需要注意矫正自己的姿势。比如，在乘电车或者是逛街的时候要养成矫正姿势的习惯。所以，请试着这样做，“走到下一个红绿灯之前一直保持良好的姿态吧”，或者是“走到下一个车站之前一直保持良好的姿态吧”。

在收紧两侧肩胛骨的同时要挺胸收腹。同时，要感受到有一根“线”从身体的中心穿过，并且这根“线”是将头顶吊在天花板上的。

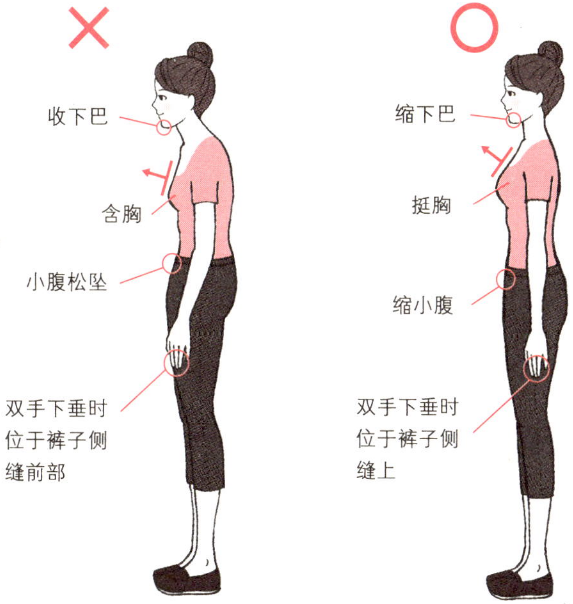

使腿变细的食物和
使腿变粗的食物

推荐营养均衡的日式料理!

由于工作的关系，我经常要很晚才能吃晚饭，因此我都尽量自己做饭。一方面是因为我本身就喜欢做饭，另一方面则是因为自己做饭的话能够更好地进行饮食的营养搭配。如果前一天有约在外就餐的话，第二天我肯定会自己在家做一些简单的食物。

大多数时候我会做日式料理。因为只需要通过煮、烧、蒸这些简单的烹饪手法，就能够让当季食材的原有味道得到最大限度的利用。日式料理的基本样式是“一汤三菜”。一汤就是酱汤，比如味噌汤等；三菜则主要包括一道以鱼类和肉类为主的主菜，以及两道以酱菜和炖菜为主的配菜。做一汤三菜并不是件难事，却能够让饮食的营养更均衡。

温性食材、寒性食材

食材大致可分为两大类："温性食材"和"寒性食材"。我推荐大家要配合季节的变化、周边的生活环境以及自己的身体状况来搭配饮食，保证饮食的营养均衡。当季的食材对我们的身体是非常有益的！这些食材原本就是在其营养价值最高的时候被采摘下来的。所以要尽量选择食用当季的食材。

温性食材

黑色的食材：黑豆、黑砂糖

暖色系的食材：瘦肉、红色的鱼肉

产于北方的食材：鲑鱼、扇贝

长在土里的食材：牛蒡、胡萝卜、莲藕、山芋、生姜、葱

盐分多的调味料、发酵食品：味噌、酱油、鳕鱼子、佃煮[①]

水分少的坚硬食材：酱菜、煎饼、干果

寒性食材

白色的食材：牛奶、白砂糖、精白米、味精、生奶油、黄油、面包

蔬菜：西红柿、莴苣、黄瓜

水果：香蕉、苹果、橘子、柠檬、西瓜

调味料：色拉调料、醋、蛋黄酱、会让人出汗的香辣调味料（含有咖喱）

饮料：咖啡、啤酒、威士忌

① 用酱油、料酒、糖将鱼虾贝类和海藻等煮成的味道浓重的一种海鲜食品，因最初在江户佃岛制作而得名。——译者注

比起不摄入碳水化合物，“吃八分饱”才是打造美腿的捷径

过度饮食会对内脏造成负担

“饭吃八分饱，医生不用找”这句俗语是很有名的，其意思就是说“如果能够做到每顿饭只吃八分饱的话，就不会损害到肠胃，也就不用去找医生看病了”。我自己在减肥期间，也尝试过每顿只吃八分饱，身体确实变轻松了许多。缩小了摄入的食物量之后，卡路里减少了，消化就能够跟着变好，由此可见吃饭只吃八分饱对身体是有益的。

食物从口腔进入体内之后，胃会通过上下蠕动从胃壁中分泌出胃液来消化胃中的食物，之后再将其送至小肠进行吸收。

如果一直吃到饱腹状态的话，消化所需要的时间就会增加，这样会加重胃和肠道的负担。由于消化过程中，肝脏、肾脏和心脏都参与其中，因此还会导致这些内脏器官的疲劳。

吃饭只吃八分饱对抗衰老也很有效!

如果将外卖或者是现成便当的一人份都吃光的话，一般情况下都会吃撑。所以，可以不用再去考虑“剩饭的行为很不好”的问题，只吃八分饱的话，即使是剩饭了也是对身体有益的行为。

最近，通过减少摄入碳水化合物来减肥的人不在少数，但这样做不仅会造成营养的不均衡，还会导致淋巴液的流通也变差哦。所以，我建议大家不要只减少碳水化合物的摄入，而是要整体地进行节食，要时常注意吃饭只吃八分饱。

值得一提的是，不知大家可否知道吃饭只吃八分饱对抗衰老也是很有效果的呢？我们在摄入了食物之后，就会燃烧其中的营养物质来获取能量。在燃烧营养物质的过程中会产生使身体老化以及生病的“活性氧（自由基）”。人体在消化分解吸收大量食物的过程中，就会产生相当数量的“活性氧”。过度饮食无论是对身体健康还是对美容，都是“有百害而无一利”的。

根据所选鞋子的不同，做法也会发生变化

穿着高跟鞋或运动鞋
做美腿慢走运动

即使穿着高跟鞋也要稍微做下慢走运动

你是否认为“穿着高跟鞋就不能做慢走运动”了呢？实际上，即使是在穿着高跟鞋的情况下也是可以做慢走运动的。穿着高跟鞋慢走时，如果是像穿着运动鞋时一样地让脚后跟先着地的话，就无法顺利地移动身体的重心，从而造成膝盖的弯曲，因此，这种情况下要让前脚掌先着地。

做慢走运动时，身体要像是支撑在双腿这根轴上一样，从脚心开始将自己的身体重心往后移至脚后跟处。此时，要注意挺胸收腹，并在脚后跟着地之后，再迈另一条腿。慢走运动的关键就在于行走时要像是在做肌肉运动一样时刻注意保持收腹的状态。

并且，慢走时还需要注意“优雅地行走”。走路时不可以内八字，迈出第一步的时候要让别人看到自己脚腕的内侧。这样做的话还可以锻炼屁股和大腿内侧的肌肉哦。

每天都能做！关键在于“从脚后跟开始”

在此我将介绍自己也经常做的“美腿慢走运动”！做慢走运动时一定要穿上专门的慢走鞋，并且要结合自己当天的身体状况来决定慢走的时间和距离。

为了能够利用整个双腿来有效地做慢走运动，要在大步地迈出一条腿之后，让整个脚掌从脚后跟开始完全接触地面，这样做的话，就能够轻松地迈出一大步了。慢走时要意识到整个脚底都是参与其中的，如果是由脚后跟到前脚掌这样地让整个脚掌完全贴于地面的话，连同脚腕也能够变柔软哦！

做慢走运动时，将注意力集中到整条腿上和脚上也是非常重要的。并且在慢走的过程中，可以额外做一些辅助动作。比如，稍微地快速行走、用大腿来行走、慢走时注意拉伸跟腱、慢走时一边扭腰一边甩手臂，或者是通过抬手臂来活动肩胛骨，等等。

通往美腿之路的Q&A

Q “转动脚腕”的有效时间段是什么时候？

A 早上或晚上转动脚腕的话是最有效的！

虽然“转动脚腕”是无论何时何地都可以做的事情，但我一般都是在早上或晚上来“转动脚腕”。

在早上做的话，穿鞋时就不会觉得那么紧了，走路会更轻快，上下楼梯也更轻便。

想必有不少人一到傍晚双腿就会浮肿，鞋子也会变紧吧，所以，回到家后，请先泡澡然后再“转动脚腕”。因为在泡澡之后，血液的流通会变好，所以我推荐大家这么做。第二天早上你就会发现自己双腿的重量已经发生了变化。

无论是坐在办公桌前，还是在看电视的时候，又或者是没事躺着的时候都可以“转动脚腕”。只要配合着自己的生活方式来做便可。

Q 挤不出按摩的时间……

A 首先请试着坚持每天按摩3分钟。

一天的疲劳请务必在当天就消除。

虽这么说，却不是一件简单的事情。结束工作后回到家里，再照顾孩子们都睡下之后……应该就没有按摩的时间了吧。

然而，每天只需要挤出3分钟的时间来按摩双腿，就能够消除双腿的疲劳和浮肿，从而身体的疲劳也能够得到缓解。从一天的24小时中挤出3分钟的时间应该是能够做到的！所以，首先请从坚持每天按摩3分钟开始吧。

想要拥有一双美腿所需要的只是少许的干劲和习惯而已。为了能够让大家有效地“转动脚腕”，久老师回答了大家提出的问题。

Q 应该定什么样的目标才好呢?

A 一起来想象自己的理想身材吧！推荐大家做“想象训练”！

一心想要减肥并且吃饭只吃八分饱的同时，还需要做的就是“想象训练”！要一边想象着自己理想中的女性形象，一边按摩双腿。

可以把自己崇拜的模特或女演员作为想象的蓝本！她们给人的形象一般就是：又细又长的双腿、富有女性魅力的纤细腰身以及圆润的臀围和胸围……

我的做法就是把自己之前肥胖时期的丑照同自己理想形象的手办放在一起来警示自己。并通过这样做一步一步地离自己的目标越来越近。

Q 长期坚持下来的要点是什么?

A 把它变成每天的习惯就能够坚持下来了。

“转动脚腕”之后的第二天双腿的浮肿就会消失，身体也会变轻松，因此我认为这是很容易成为我们每天的习惯。做了并看到效果的话，就会让我们产生“要认真地做！”的想法吧。

虽然我经常被大家说“你还真是禁欲系啊！”但这只不过是一种习惯罢了。洗头发的时候、刷牙的时候、做饭的时候，或者是洗衣服的时候……都可以做。只需要在最基本的日常生活中加上“转动脚腕”这一动作便可。如果把这个完全变成一种生活习惯的话，一旦不转动脚腕了，反倒会觉得不习惯呢。

结 语

我走到今天，并非一路平坦，却没有一件事情是“徒劳无益”的。因为我正是通过总结并利用这些经验才开办了“美Conscious”身体护理沙龙的。“美 Conscious”由“be（美）”和“Conscious（意识）”两个词组成。我的出发点就是通过“意识”这一件事，来迎合自己的身体。

每天只需要有意识地做一点儿事情，我们的身体就会发生一些明显的变化。撰写此书的目的就是希望能够向大家传达其中最有效的方法。

作为女性，我们生来就有一个共同的愿望，那就是“能够美丽地老去”。虽然变美这件事情最好是交给专业的指导老师，但是，就如同我通过自己的努力成功减肥一样，我们自己的身体也是可以靠自己来护理的。

不用过于复杂！我们只需要根据正确的知识，并在了解自己身体构造的前提下，护理身体的地基——基础的足部，便能够拥有一双美腿。只要脚腕变得柔软就能够变成美腿，谁都能够通过这样做来拥有体态匀称的美好身材。所以，请务必把每天“转动脚腕”3分钟变成你的一项“美体习惯”吧。

当然，女性的美并不仅限于对外形的塑造上。发挥自己的个性，来确立只属于你自己的独特“美”吧。希望每一位女性都能够度过绚丽且自信满满的每一天。

一直以来指导我的各位师傅和前辈，以及自开业以来一直光顾本店的各位顾客，正是因为有了你们多方的照顾和支持，才成就了今天的我。并且，此次图书的出版，也承蒙出版社和图书制作公司诸位的支持与照顾。

最后，由衷感谢我的家人、先父以及诸位。

作者

图书在版编目（CIP）数据

转脚腕，变美腿 / （日）久优子著；罗佩译. — 北京：北京联合出版公司，2017.4
ISBN 978-7-5502-9899-6

Ⅰ. ①转… Ⅱ. ①久… ②罗… Ⅲ. ①减肥－基本知识 Ⅳ. ①TS974.14

中国版本图书馆CIP数据核字（2017）第035363号

北京市版权局著作权合同登记 图字：01-2017-1000

转脚腕，变美腿

作　　者：[日] 久优子
译　　者：罗　佩
责任编辑：李艳芬　徐秀琴
封面设计：沐希设计

北京联合出版公司出版
（北京市西城区德外大街83号楼9层　100088）
河北鹏润印刷有限公司印刷　新华书店经销
字数80千字　880毫米×1230毫米　1/32　印张3.5
2017年4月第1版　2017年4月第1次印刷
ISBN 978-7-5502-9899-6
定价：36.00元

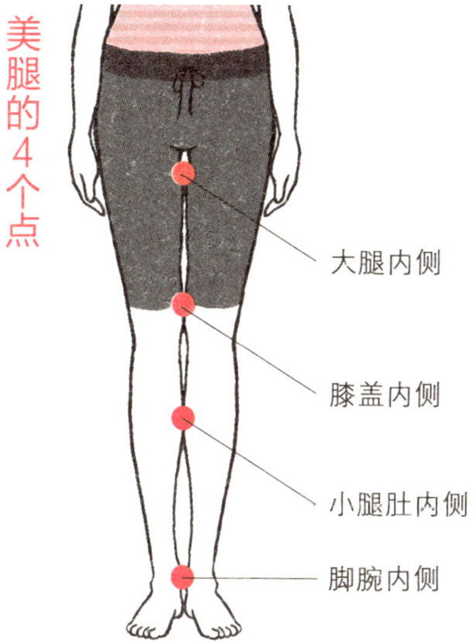
美腿的4个点
大腿内侧
膝盖内侧
小腿肚内侧
脚腕内侧

基础篇

“转动脚腕”的基础

基本姿势

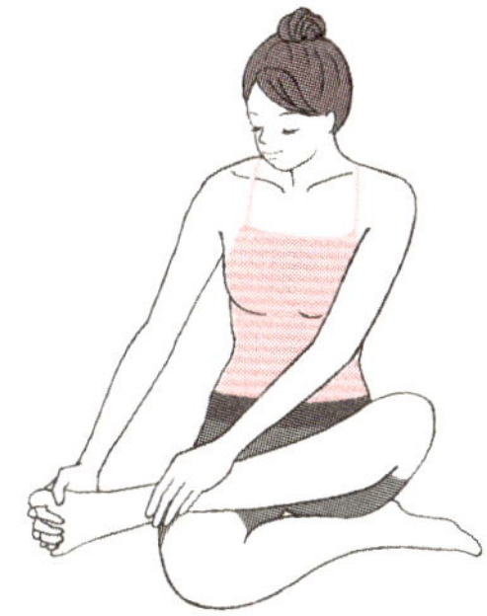

1. 向前拉伸脚尖

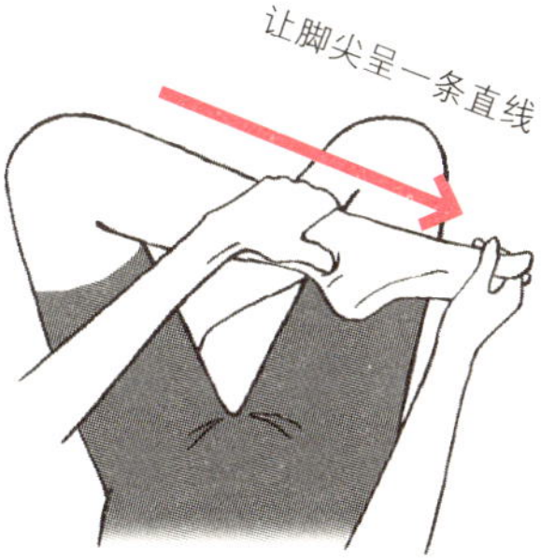

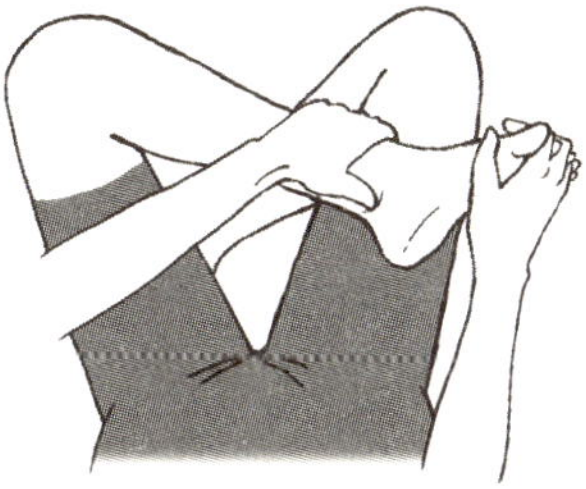

2. 大幅度地转动脚腕

3. 掰脚尖

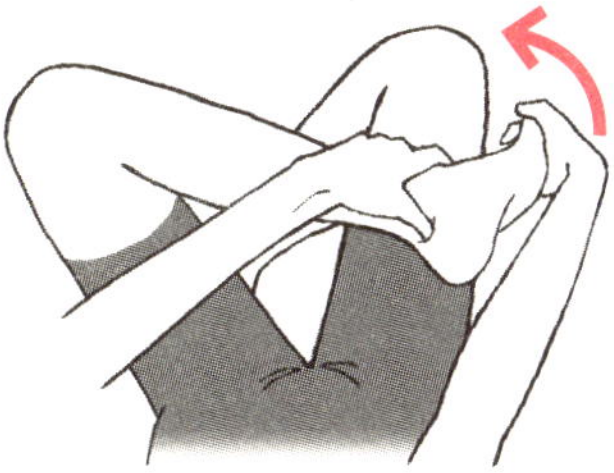

应用篇

站着“转动脚腕”

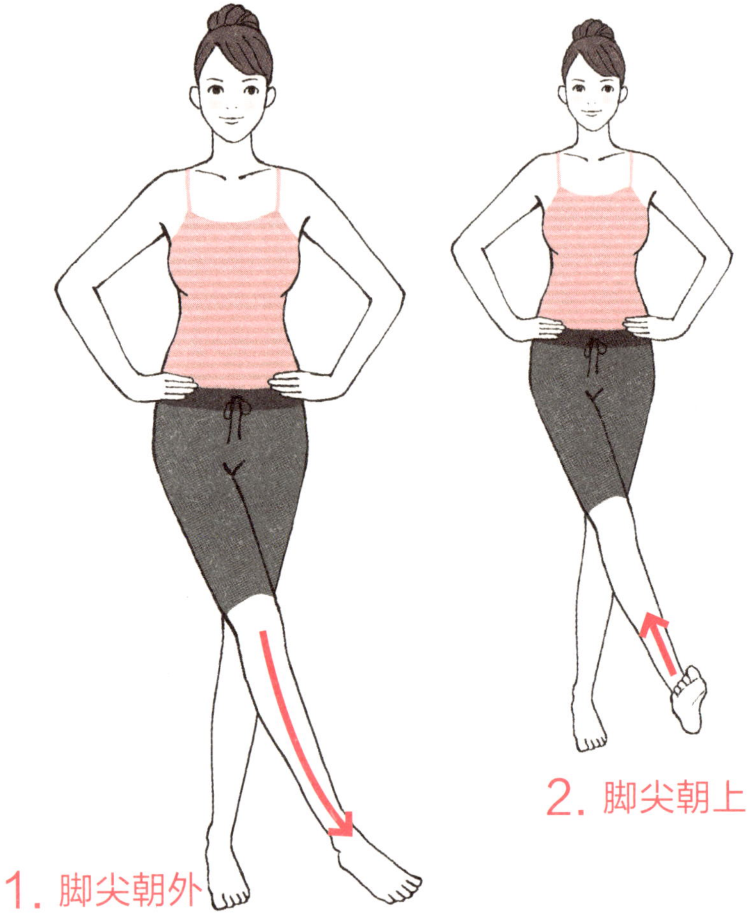

3. 拉伸脚的内侧

4. 脚尖朝下转动脚腕

应用篇

躺着“转动脚腕”

1. 仰面卧躺

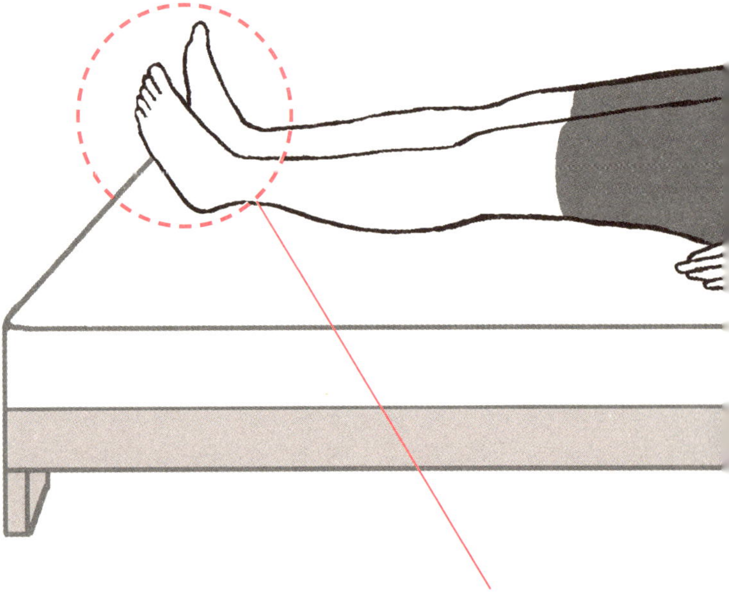

特写

在身体完全放松的状态下，检查脚尖的朝向。

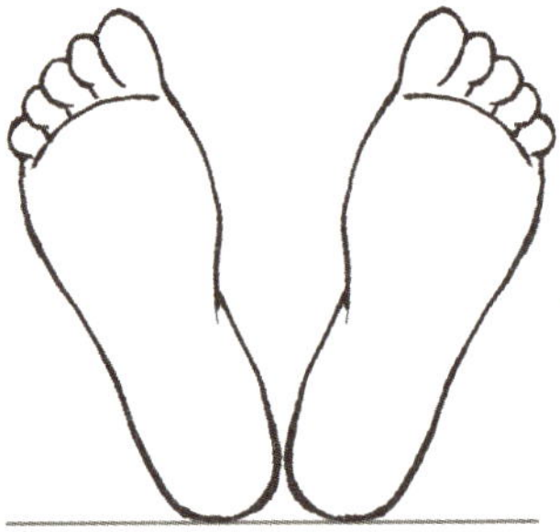

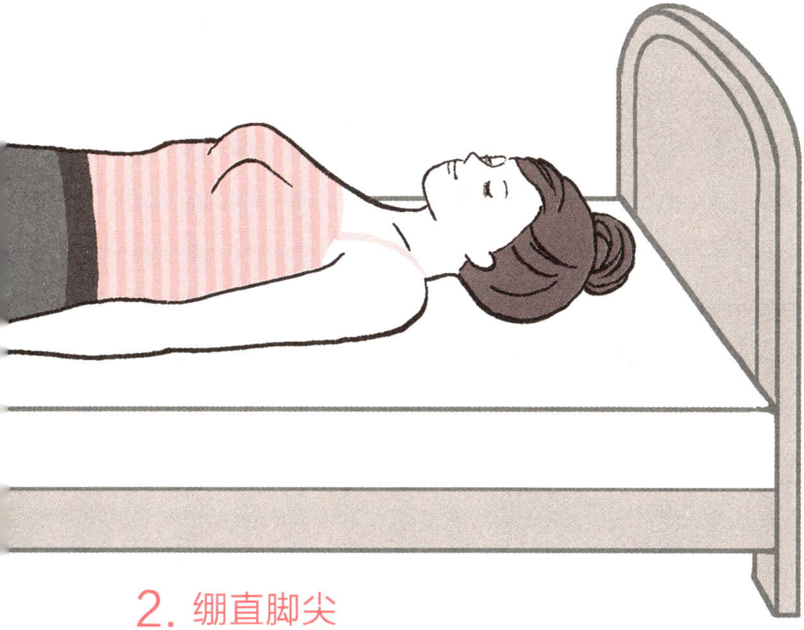

2. 绷直脚尖

3. 勾脚尖

应用篇

在各种各样的场合“转动脚腕”

坐在椅子上“转动脚腕”

泡着澡“转动脚腕”

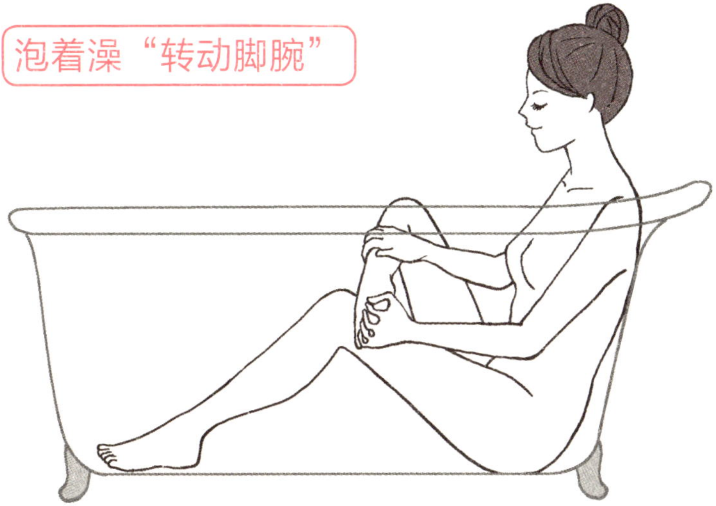

和同伴一起“转动脚腕”

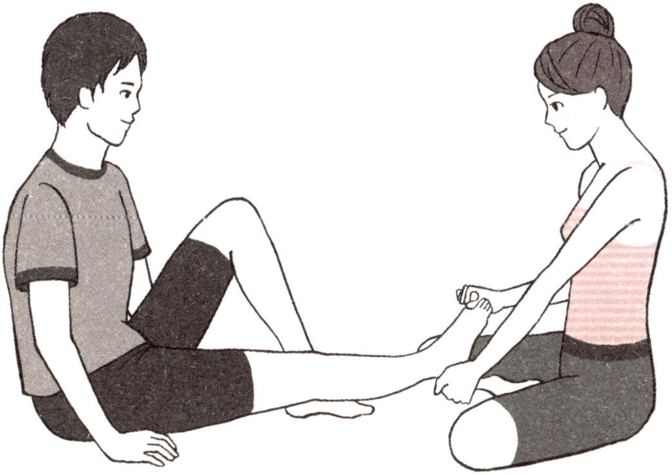

迈向美腿的又一步

放松全身的骨骼！

1. 将身体的5个点贴在墙上

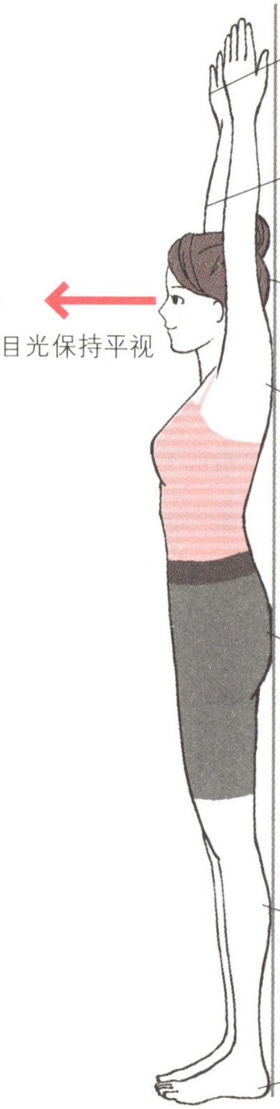

2. 脖子向下弯曲

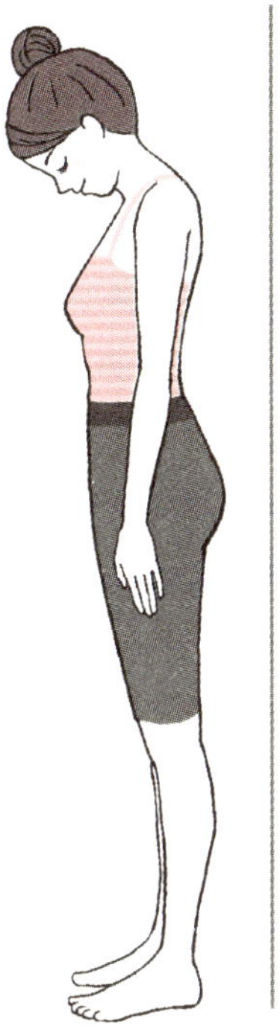

3. 慢慢地弯曲上半身，
并放松全身

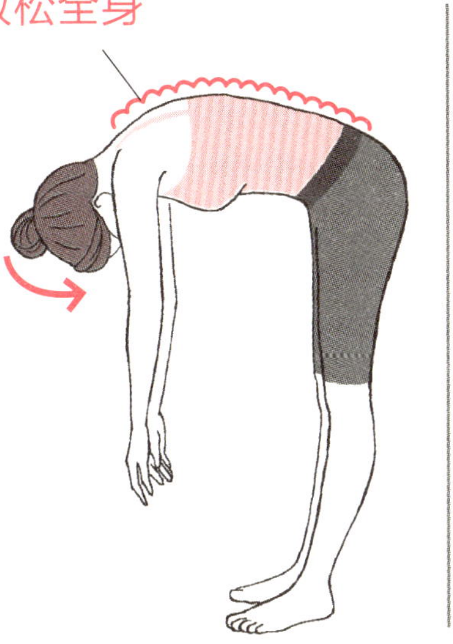

美腿按摩①

脚底按摩

1. 按压涌泉穴

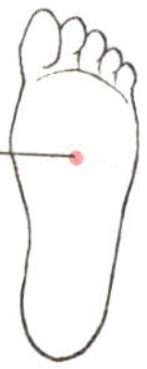

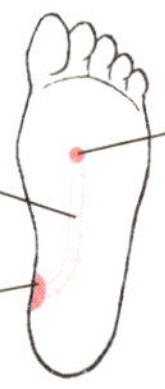

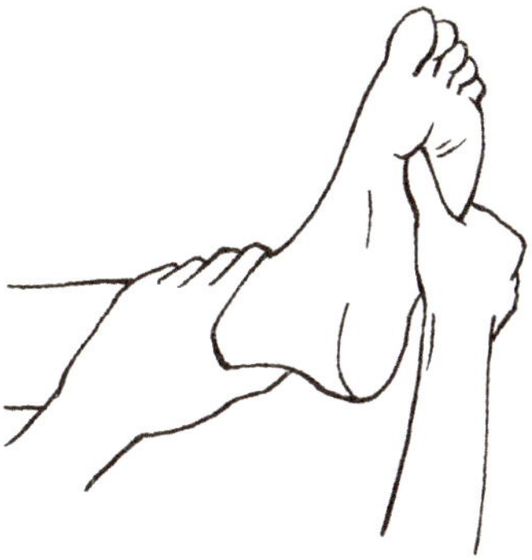

2. 从涌泉穴开始按压至脚的大拇指和食指之间

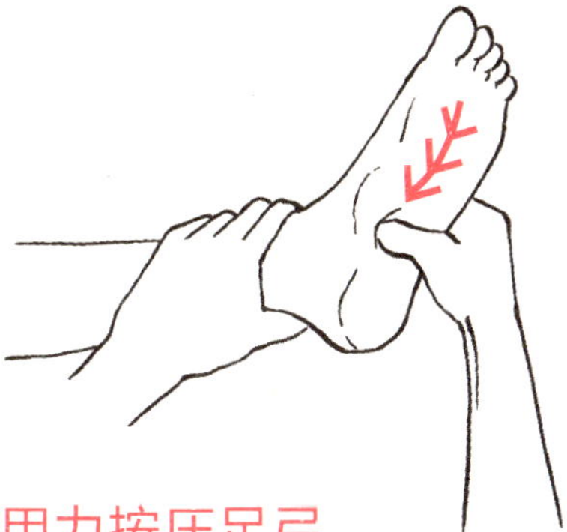

3. 手指用力按压足弓

美腿按摩②

脚背按摩

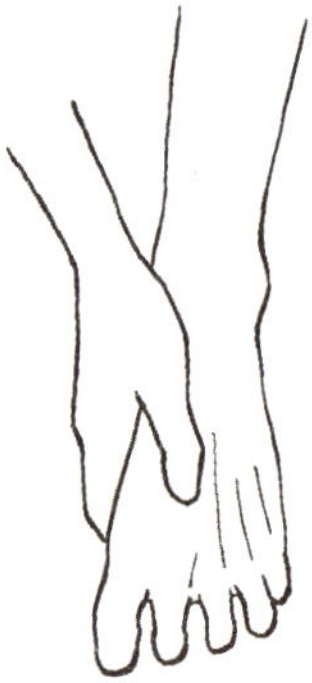

1. 推压脚趾之间的骨骼缝隙

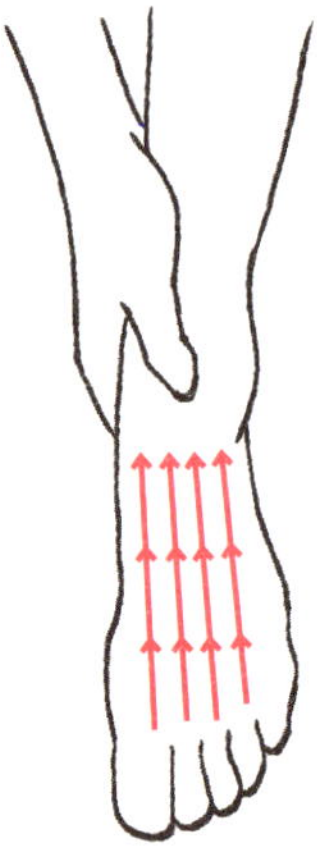

2. 一直推压至脚腕处

脚背的反射区

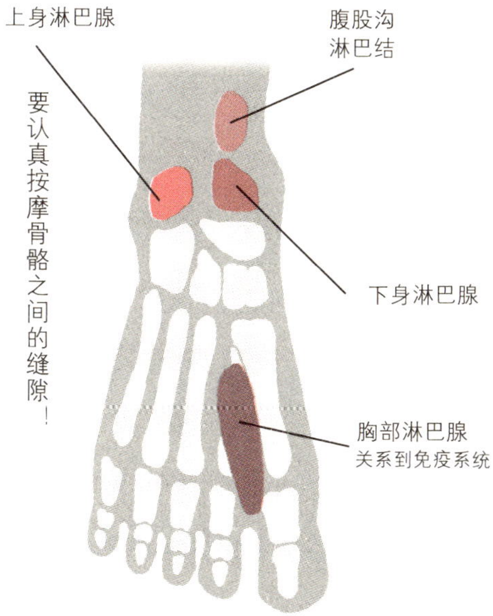

美腿按摩③

脚腕按摩

脚腕内侧的反射区

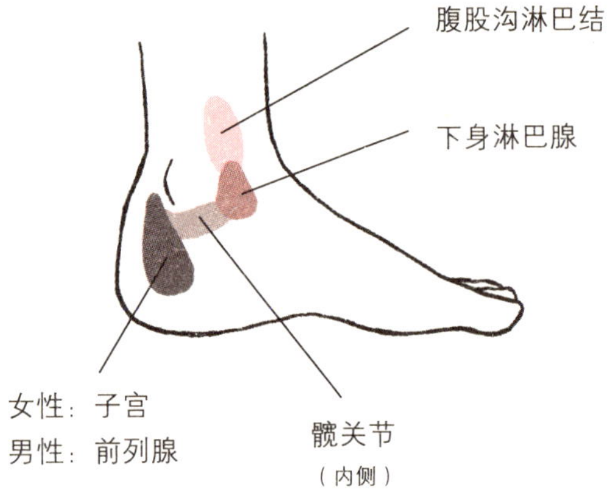

1. 抓住脚腕内侧

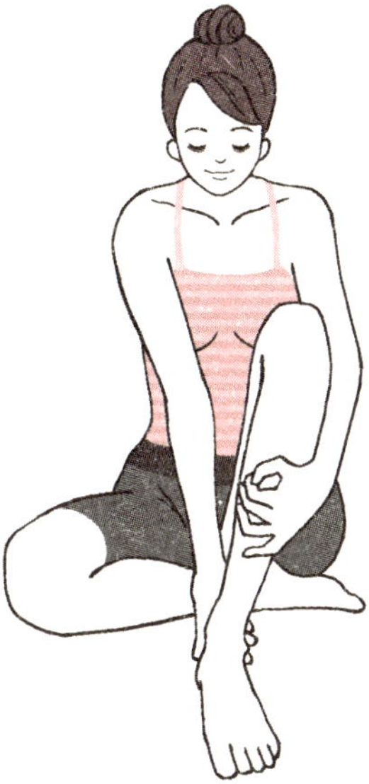

2. 用大拇指按压三角地带

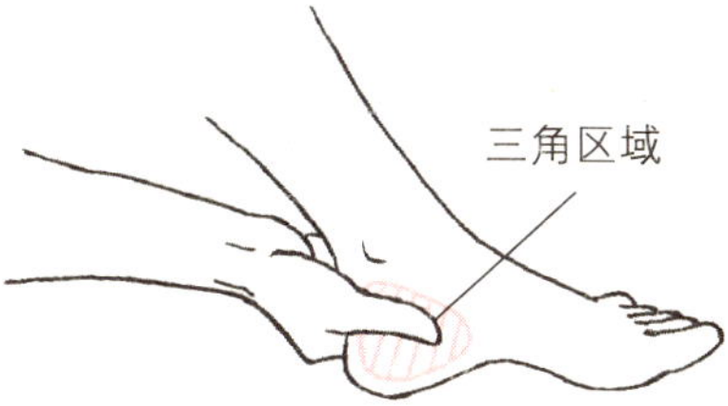

3. 按摩脚腕内侧

脚腕外侧的反射区

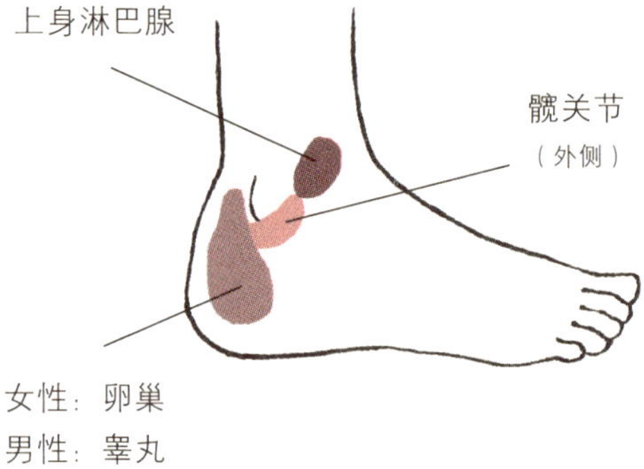

1. 抓住脚腕外侧

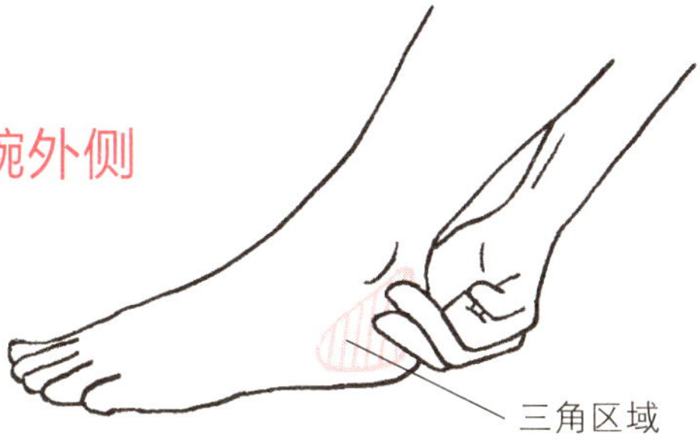

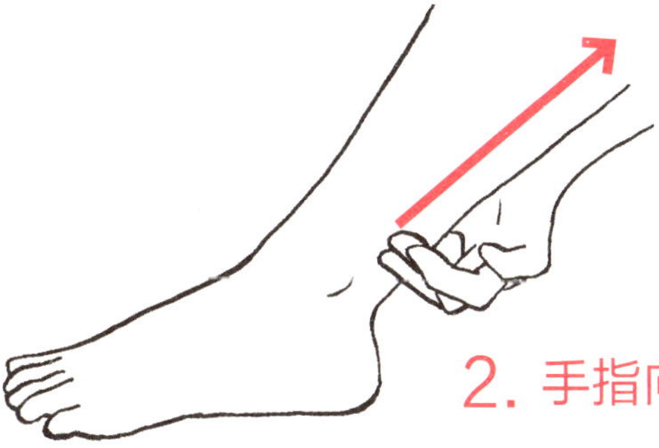

2. 手指向上滑动按压

美腿按摩④

小腿肚按摩

将体内的代谢废物引流到淋巴结中

1. 揉捏跟腱

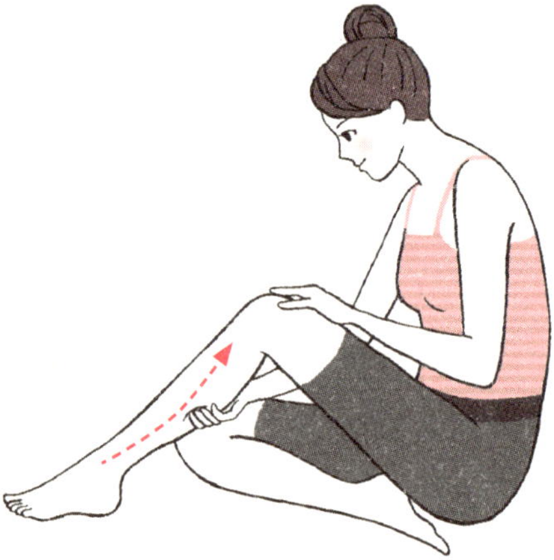

2. 捏小腿肚

3. 按压并打通腘窝淋巴结

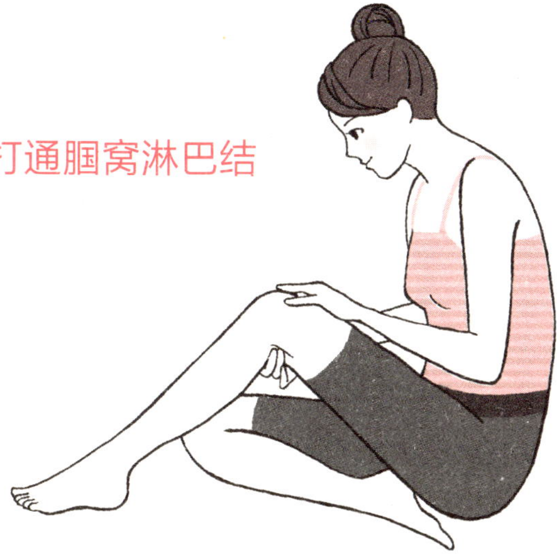

4. 将体内的代谢废物从脚腕处引流到腘窝淋巴结中

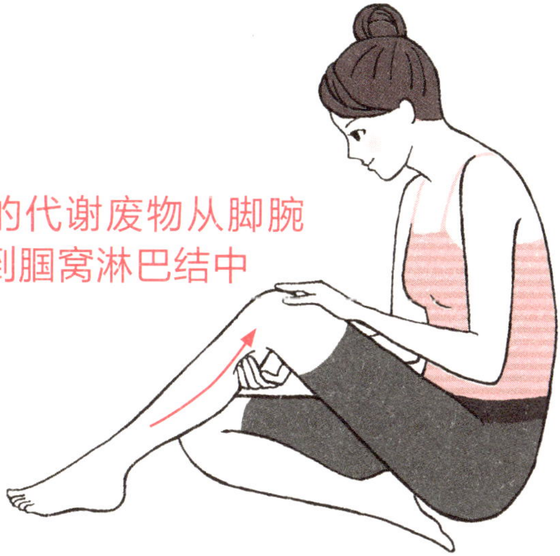

美腿按摩⑤

小腿肚按摩（在床上）

1. 将右脚的脚腕放到左腿的膝盖上

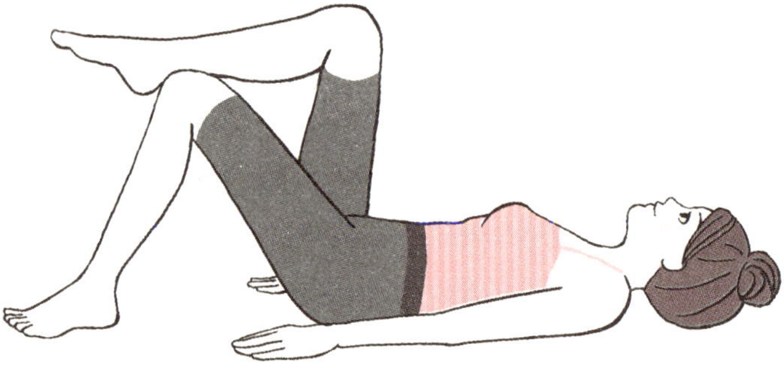

2. 滑动右腿至膝盖内侧

3. 再滑动右腿至脚腕处

美腿按摩⑥

膝盖周围按摩

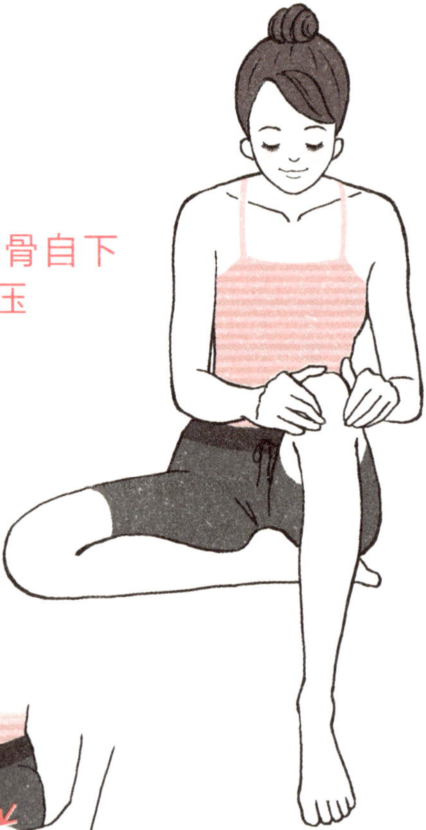

1. 沿着膝盖骨自下而上地按压

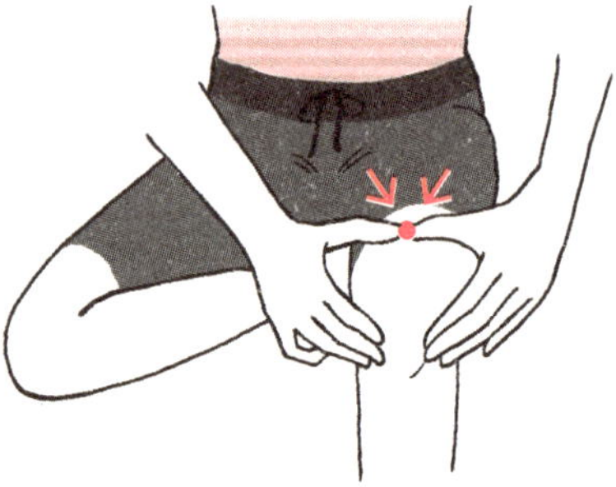

2. 按压膝盖骨的上部

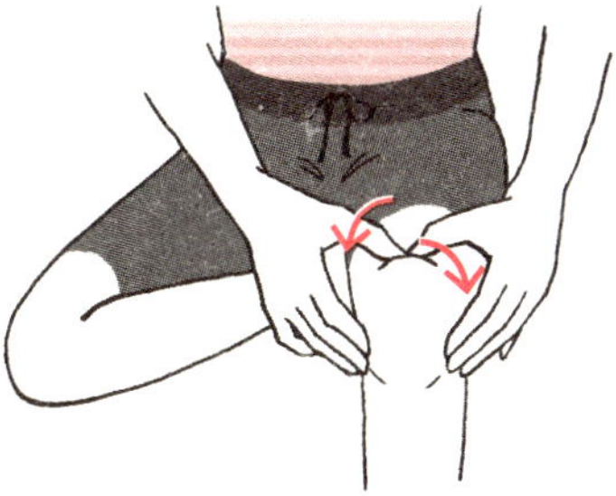

3. 沿着膝盖骨自上而下地按压

4. 按压并打通胭窝淋巴结

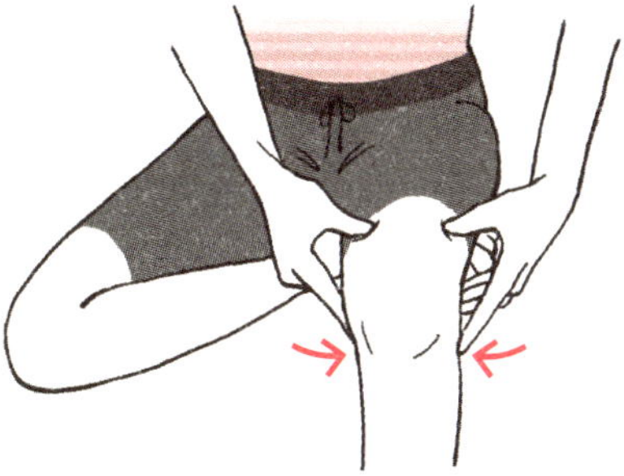

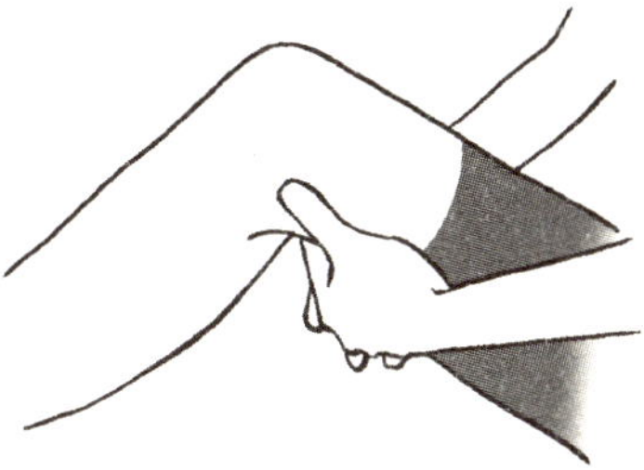

5. 将体内的代谢废物引流到胭窝淋巴结中

美腿按摩⑦

大腿按摩

大腿外侧

1. 捏大腿外侧

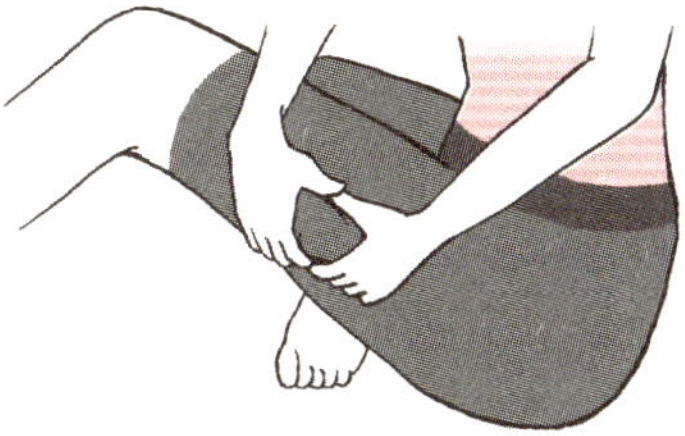

2. 双手捏住大腿外侧并自下而上地滑动手指

3. 手指一直滑动至大腿根部

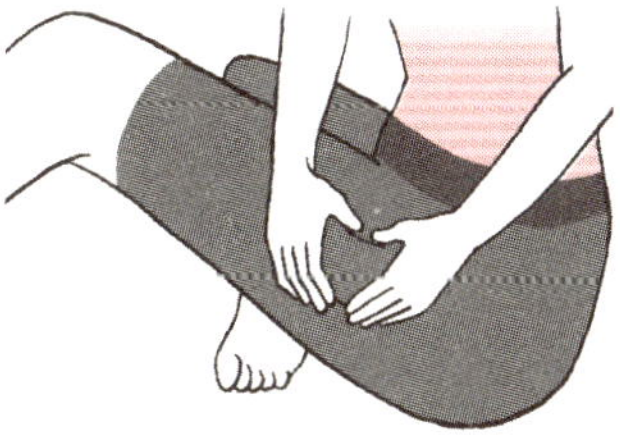

大腿内侧

1. 捏大腿内侧

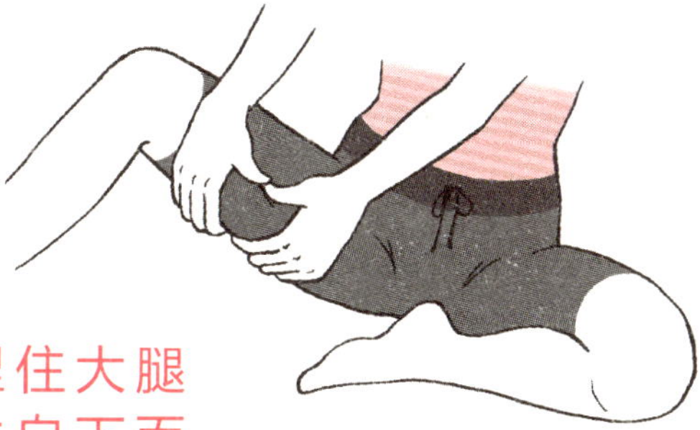

2. 双手捏住大腿内侧并自下而上地滑动手指

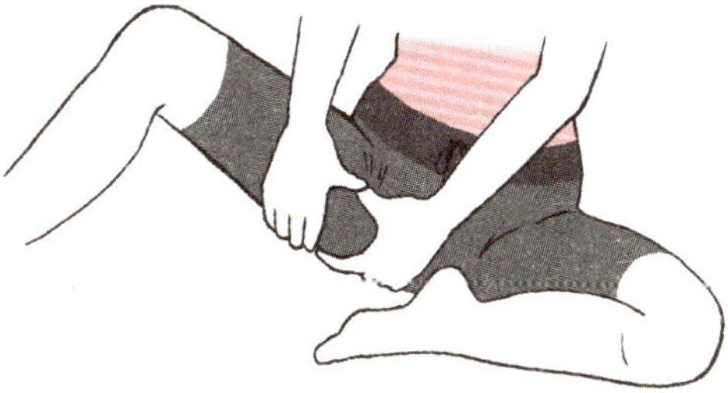

3. 手指一直滑动至大腿根部

美腿按摩⑧

大腿根部按摩

1. 把手放在大腿的根部

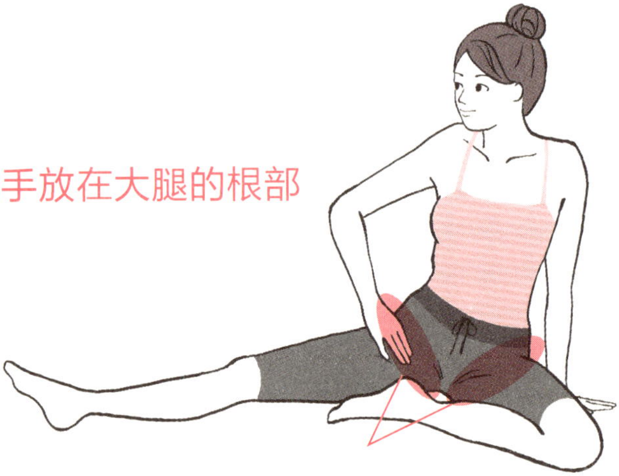

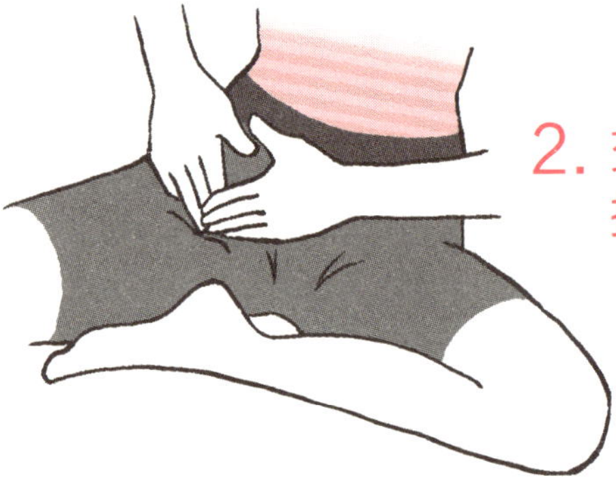

2. 交叠双手指尖进行按压

脚腕的拉伸

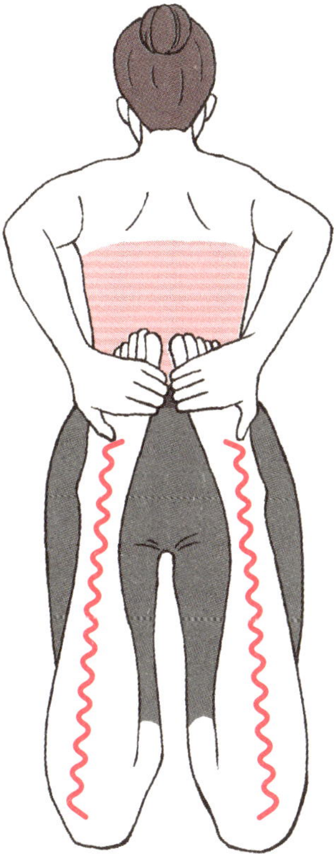

1. 压脚背使其贴近屁股

2. 脚背朝外的
同时向内转
动脚背

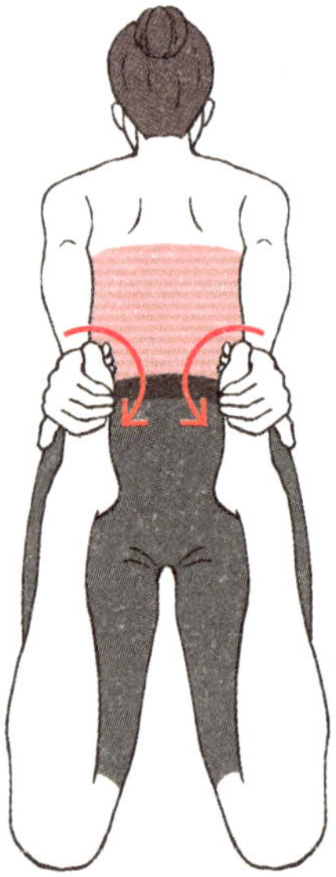

3. 压脚趾使其
贴近屁股

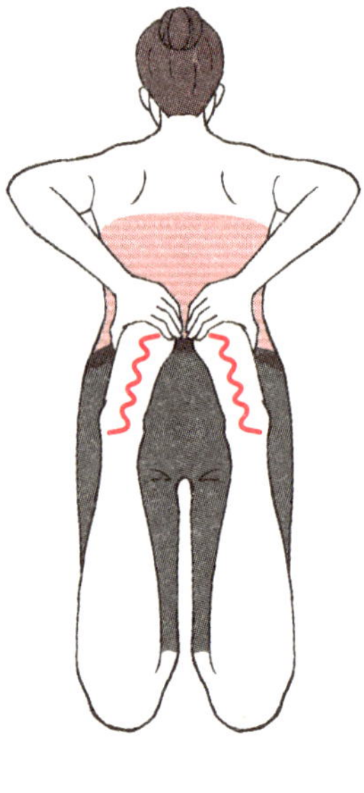

美腿秘籍打卡

*完成动作后，请在对应时间处打卡。做完请打“√”。

美腿秘籍 \ Date	周一	周二	周三	周四	周五	周六	周日
转动脚腕1							
转动脚腕2							
转动脚腕3							
转动脚腕4							
美腿按摩1							
美腿按摩2							
美腿按摩3							
美腿按摩4							
美腿按摩5							
美腿按摩6							
美腿按摩7							
美腿按摩8							

美腿秘籍 \ Date	周一	周二	周三	周四	周五	周六	周日
转动脚腕1							
转动脚腕2							
转动脚腕3							
转动脚腕4							
美腿按摩1							
美腿按摩2							
美腿按摩3							
美腿按摩4							
美腿按摩5							
美腿按摩6							
美腿按摩7							
美腿按摩8							

美腿秘籍 \ Date	周一	周二	周三	周四	周五	周六	周日
转动脚腕1							
转动脚腕2							
转动脚腕3							
转动脚腕4							
美腿按摩1							
美腿按摩2							
美腿按摩3							
美腿按摩4							
美腿按摩5							
美腿按摩6							
美腿按摩7							
美腿按摩8							

Date 美腿秘籍	周一	周二	周三	周四	周五	周六	周日
转动脚腕1							
转动脚腕2							
转动脚腕3							
转动脚腕4							
美腿按摩1							
美腿按摩2							
美腿按摩3							
美腿按摩4							
美腿按摩5							
美腿按摩6							
美腿按摩7							
美腿按摩8							

恭喜你坚持一个月啦！感到脚腕变细了吗？双腿的浮肿状况是不是也减轻了？整个人都更轻松了吧。加油！

Date / 美腿秘籍	周一	周二	周三	周四	周五	周六	周日
转动脚腕1							
转动脚腕2							
转动脚腕3							
转动脚腕4							
美腿按摩1							
美腿按摩2							
美腿按摩3							
美腿按摩4							
美腿按摩5							
美腿按摩6							
美腿按摩7							
美腿按摩8							

Date / 美腿秘籍	周一	周二	周三	周四	周五	周六	周日
转动脚腕1							
转动脚腕2							
转动脚腕3							
转动脚腕4							
美腿按摩1							
美腿按摩2							
美腿按摩3							
美腿按摩4							
美腿按摩5							
美腿按摩6							
美腿按摩7							
美腿按摩8							

Date 美腿秘籍	周一	周二	周三	周四	周五	周六	周日
转动脚腕1							
转动脚腕2							
转动脚腕3							
转动脚腕4							
美腿按摩1							
美腿按摩2							
美腿按摩3							
美腿按摩4							
美腿按摩5							
美腿按摩6							
美腿按摩7							
美腿按摩8							

Date / 美腿秘籍	周一	周二	周三	周四	周五	周六	周日
转动脚腕1							
转动脚腕2							
转动脚腕3							
转动脚腕4							
美腿按摩1							
美腿按摩2							
美腿按摩3							
美腿按摩4							
美腿按摩5							
美腿按摩6							
美腿按摩7							
美腿按摩8							

恭喜你坚持两个月啦！小腿肚开始变细了吧。

成功贵在坚持，加油！

Date 美腿秘籍	周一	周二	周三	周四	周五	周六	周日
转动脚腕1							
转动脚腕2							
转动脚腕3							
转动脚腕4							
美腿按摩1							
美腿按摩2							
美腿按摩3							
美腿按摩4							
美腿按摩5							
美腿按摩6							
美腿按摩7							
美腿按摩8							

Date / 美腿秘籍	周一	周二	周三	周四	周五	周六	周日
转动脚腕1							
转动脚腕2							
转动脚腕3							
转动脚腕4							
美腿按摩1							
美腿按摩2							
美腿按摩3							
美腿按摩4							
美腿按摩5							
美腿按摩6							
美腿按摩7							
美腿按摩8							

美腿秘籍 \ Date	周一	周二	周三	周四	周五	周六	周日
转动脚腕1							
转动脚腕2							
转动脚腕3							
转动脚腕4							
美腿按摩1							
美腿按摩2							
美腿按摩3							
美腿按摩4							
美腿按摩5							
美腿按摩6							
美腿按摩7							
美腿按摩8							

美腿秘籍 \ Date	周一	周二	周三	周四	周五	周六	周日
转动脚腕1							
转动脚腕2							
转动脚腕3							
转动脚腕4							
美腿按摩1							
美腿按摩2							
美腿按摩3							
美腿按摩4							
美腿按摩5							
美腿按摩6							
美腿按摩7							
美腿按摩8							

恭喜你坚持三个月啦！大腿是不是变得柔软了？

加油啊，成为腿模，你也可以！

Date / 美腿秘籍	周一	周二	周三	周四	周五	周六	周日
转动脚腕1							
转动脚腕2							
转动脚腕3							
转动脚腕4							
美腿按摩1							
美腿按摩2							
美腿按摩3							
美腿按摩4							
美腿按摩5							
美腿按摩6							
美腿按摩7							
美腿按摩8							

Date 美腿秘籍	周一	周二	周三	周四	周五	周六	周日
转动脚腕1							
转动脚腕2							
转动脚腕3							
转动脚腕4							
美腿按摩1							
美腿按摩2							
美腿按摩3							
美腿按摩4							
美腿按摩5							
美腿按摩6							
美腿按摩7							
美腿按摩8							

美腿秘籍 Date	周一	周二	周三	周四	周五	周六	周日
转动脚腕1							
转动脚腕2							
转动脚腕3							
转动脚腕4							
美腿按摩1							
美腿按摩2							
美腿按摩3							
美腿按摩4							
美腿按摩5							
美腿按摩6							
美腿按摩7							
美腿按摩8							

Date / 美腿秘籍	周一	周二	周三	周四	周五	周六	周日
转动脚腕1							
转动脚腕2							
转动脚腕3							
转动脚腕4							
美腿按摩1							
美腿按摩2							
美腿按摩3							
美腿按摩4							
美腿按摩5							
美腿按摩6							
美腿按摩7							
美腿按摩8							

恭喜你坚持四个月啦!

现在，立刻，马上!

去称一称自己是不是瘦了?

Date 美腿秘籍	周一	周二	周三	周四	周五	周六	周日
转动脚腕1							
转动脚腕2							
转动脚腕3							
转动脚腕4							
美腿按摩1							
美腿按摩2							
美腿按摩3							
美腿按摩4							
美腿按摩5							
美腿按摩6							
美腿按摩7							
美腿按摩8							

美腿秘籍 Date	周一	周二	周三	周四	周五	周六	周日
转动脚腕1							
转动脚腕2							
转动脚腕3							
转动脚腕4							
美腿按摩1							
美腿按摩2							
美腿按摩3							
美腿按摩4							
美腿按摩5							
美腿按摩6							
美腿按摩7							
美腿按摩8							

美腿秘籍 \ Date	周一	周二	周三	周四	周五	周六	周日
转动脚腕1							
转动脚腕2							
转动脚腕3							
转动脚腕4							
美腿按摩1							
美腿按摩2							
美腿按摩3							
美腿按摩4							
美腿按摩5							
美腿按摩6							
美腿按摩7							
美腿按摩8							

Date 美腿秘籍	周一	周二	周三	周四	周五	周六	周日
转动脚腕1							
转动脚腕2							
转动脚腕3							
转动脚腕4							
美腿按摩1							
美腿按摩2							
美腿按摩3							
美腿按摩4							
美腿按摩5							
美腿按摩6							
美腿按摩7							
美腿按摩8							

恭喜你坚持五个月啦!

不仅双腿变细了吧？腰是不是也瘦了？

美腿秘籍 \ Date	周一	周二	周三	周四	周五	周六	周日
转动脚腕1							
转动脚腕2							
转动脚腕3							
转动脚腕4							
美腿按摩1							
美腿按摩2							
美腿按摩3							
美腿按摩4							
美腿按摩5							
美腿按摩6							
美腿按摩7							
美腿按摩8							

美腿秘籍 \ Date	周一	周二	周三	周四	周五	周六	周日
转动脚腕1							
转动脚腕2							
转动脚腕3							
转动脚腕4							
美腿按摩1							
美腿按摩2							
美腿按摩3							
美腿按摩4							
美腿按摩5							
美腿按摩6							
美腿按摩7							
美腿按摩8							

美腿秘籍 \ Date	周一	周二	周三	周四	周五	周六	周日
转动脚腕1							
转动脚腕2							
转动脚腕3							
转动脚腕4							
美腿按摩1							
美腿按摩2							
美腿按摩3							
美腿按摩4							
美腿按摩5							
美腿按摩6							
美腿按摩7							
美腿按摩8							

Date 美腿秘籍	周一	周二	周三	周四	周五	周六	周日
转动脚腕1							
转动脚腕2							
转动脚腕3							
转动脚腕4							
美腿按摩1							
美腿按摩2							
美腿按摩3							
美腿按摩4							
美腿按摩5							
美腿按摩6							
美腿按摩7							
美腿按摩8							

恭喜你坚持六个月啦！

双腿变细！气色变好！体重呢？

你的坚持终有回报！

继续保持哦~

Date / 美腿秘籍	周一	周二	周三	周四	周五	周六	周日
转动脚腕1							
转动脚腕2							
转动脚腕3							
转动脚腕4							
美腿按摩1							
美腿按摩2							
美腿按摩3							
美腿按摩4							
美腿按摩5							
美腿按摩6							
美腿按摩7							
美腿按摩8							

美腿秘籍 \ Date	周一	周二	周三	周四	周五	周六	周日
转动脚腕1							
转动脚腕2							
转动脚腕3							
转动脚腕4							
美腿按摩1							
美腿按摩2							
美腿按摩3							
美腿按摩4							
美腿按摩5							
美腿按摩6							
美腿按摩7							
美腿按摩8							

美腿秘籍 \ Date	周一	周二	周三	周四	周五	周六	周日
转动脚腕1							
转动脚腕2							
转动脚腕3							
转动脚腕4							
美腿按摩1							
美腿按摩2							
美腿按摩3							
美腿按摩4							
美腿按摩5							
美腿按摩6							
美腿按摩7							
美腿按摩8							

美腿秘籍 \ Date	周一	周二	周三	周四	周五	周六	周日
转动脚腕1							
转动脚腕2							
转动脚腕3							
转动脚腕4							
美腿按摩1							
美腿按摩2							
美腿按摩3							
美腿按摩4							
美腿按摩5							
美腿按摩6							
美腿按摩7							
美腿按摩8							

Date 美腿秘籍	周一	周二	周三	周四	周五	周六	周日
转动脚腕1							
转动脚腕2							
转动脚腕3							
转动脚腕4							
美腿按摩1							
美腿按摩2							
美腿按摩3							
美腿按摩4							
美腿按摩5							
美腿按摩6							
美腿按摩7							
美腿按摩8							

Date 美腿秘籍	周一	周二	周三	周四	周五	周六	周日
转动脚腕1							
转动脚腕2							
转动脚腕3							
转动脚腕4							
美腿按摩1							
美腿按摩2							
美腿按摩3							
美腿按摩4							
美腿按摩5							
美腿按摩6							
美腿按摩7							
美腿按摩8							